高职高专机电类专业系列教材

电 路 基 础

主　编　罗　兵
副主编　赵振廷　王　桃
参　编　詹忠山　邱文华　朱勇萍　张永亮

机 械 工 业 出 版 社

本书是广东省一流高职院校品牌专业建设工学结合教材，主要内容包括电子元器件与电路的基本概念、电路的等效规律和基本分析方法、电路的基本定理、动态电路的分析、正弦交流电路、三相交流电路和综合实训：设计、安装、测试万用表等。每一章节都配有工学结合实训项目和课后习题。

本书在编写过程中始终坚持理论知识适度、够用的原则，在内容上精挑细选，抓住各个章节之间的有机联系，知识体系循序渐进、由浅入深，力争做到概念明确、原理清晰。

本书不仅可以作为高职高专院校电子信息大类、电气类和机电类的教材，还可以作为电子技术爱好者或工程技术人员的自学用书。

为方便教学，本书有电子课件、课后习题答案、模拟试卷及答案等，凡选用本书作为授课教材的学校，均可通过电话（010-88379564）或 QQ（2314073523）咨询，有任何技术问题也可通过以上方式联系。

图书在版编目（CIP）数据

电路基础/罗兵主编．—北京：机械工业出版社，2018.4（2021.7重印）

高职高专机电类专业系列教材

ISBN 978-7-111-59293-8

Ⅰ.①电… Ⅱ.①罗… Ⅲ.①电路理论-高等职业教育-教材 Ⅳ.①TM13

中国版本图书馆 CIP 数据核字（2018）第 039278 号

机械工业出版社（北京市百万庄大街22号　邮政编码100037）
策划编辑：曲世海　责任编辑：曲世海
责任校对：刘秀芝　封面设计：陈　沛
责任印制：常天培
北京中科印刷有限公司印刷
2021年7月第1版第4次印刷
184mm×260mm · 11印张 · 262千字
标准书号：ISBN 978-7-111-59293-8
定价：39.80元

电话服务　　　　　　　　网络服务
客服电话：010-88361066　机　工　官　网：www.cmpbook.com
　　　　　010-88379833　机　工　官　博：weibo.com/cmp1952
　　　　　010-68326294　金　书　网：www.golden-book.com
封底无防伪标均为盗版　　机工教育服务网：www.cmpedu.com

前　言

高等职业教育是我国高等教育不可或缺的重要组成部分，结合国家对高等职业教育的总体发展要求，编者秉承以就业和知识应用为导向的职业教育办学方针，积极响应国家"万众创新、大众创业"的口号，大力推进高等职业院校的课程与教材改革，特编写本书。

要实现高等职业教育的人才培养目标，必须要有适当的理论知识进行指导，要让学生通过掌握适量的、够用的理论知识，并在实践中不断巩固和加深对理论知识的理解程度，才能提高独立工作的能力和创新能力。

电路基础是电类专业的基础课程，通过本课程的学习，学生能学到电子与电路的必备基本理论知识与基本技能，为后续学习数字电子技术、单片机技术与应用、模拟电子技术、高频电子技术、电子电路CAD、无线传感网络等课程和电类专业的实训课程打下坚实的基础。

本书具有以下几个特点：

1. 本书采用循序渐进、理论结合实践的形式编写，教师易教，学生易学。

2. 在每个章节后面均配有实训内容，学生动手实操体验，加深理论知识的理解，并配有课后习题，动手与动脑结合，学生对知识的掌握程度更牢固。

3. 引入了电子元器件的基本知识，解决了电路基础教材重点介绍电路理论知识，缺少电子元器件知识相关介绍的缺点。

本书由罗兵担任主编，赵振廷、王桃担任副主编，詹忠山、邱文华、朱勇萍、张永亮担任参编。其中，罗兵编写第1章、第4章、第5章、第6章和第7章，赵振廷编写第2章，王桃编写第3章，詹忠山、朱勇萍编写综合练习，邱文华、张永亮负责全书的整理校对工作。全书由罗兵负责统稿。

由于编者水平有限，书中错误和缺点难免，敬请广大读者批评指正。

编　者

目 录

前言
第1章 电子元器件与电路的基本概念 ·· 1
1.1 常用电子元器件 ··· 1
    1.1.1 电阻元件 ··· 1
    1.1.2 电感元件 ··· 4
    1.1.3 电容元件 ··· 6
    1.1.4 二极管 ··· 9
    1.1.5 晶体管 ··· 11
1.2 电路的组成及作用 ··· 14
1.3 电路的主要物理量 ··· 15
    1.3.1 电流 ··· 15
    1.3.2 电压 ··· 16
    1.3.3 电位 ··· 18
    1.3.4 电功率 ··· 18
    1.3.5 电能 ··· 19
1.4 电路的基本定律 ··· 19
    1.4.1 欧姆定律 ··· 19
    1.4.2 基尔霍夫定律 ··· 20
1.5 电路的工作状态 ··· 25
    1.5.1 负载状态 ··· 25
    1.5.2 开路状态 ··· 25
    1.5.3 短路状态 ··· 26
1.6 简单电路的分析 ··· 27
    1.6.1 电阻的串联 ··· 27
    1.6.2 电阻的并联 ··· 28
    1.6.3 电阻的混联 ··· 30
    1.6.4 实际电压源与实际电流源的等效变换 ······························· 31
    1.6.5 复杂电路的化简 ··· 36
1.7 工学结合实训一：常用电子元器件的识别与测量 ······················· 37
    1.7.1 实训目的 ··· 37
    1.7.2 实训设备与材料 ··· 37
    1.7.3 万用表的使用方法 ··· 37
    1.7.4 电解电容极性的判断 ··· 39
    1.7.5 实训测试要求 ··· 39
    1.7.6 注意事项 ··· 40

- 1.8 工学结合实训二：验证基尔霍夫定律 ·········· 40
  - 1.8.1 实训目的 ·········· 40
  - 1.8.2 实训项目原理 ·········· 41
  - 1.8.3 实训设备与材料 ·········· 41
  - 1.8.4 电流表的使用注意事项 ·········· 41
  - 1.8.5 实训过程 ·········· 41
  - 1.8.6 实训分析及报告 ·········· 42
  - 1.8.7 注意事项 ·········· 42
- 1.9 课后习题 ·········· 42

第 2 章 电路的等效规律和基本分析方法 ·········· 46
- 2.1 复杂电路的等效规律 ·········· 46
  - 2.1.1 星形电阻电路和三角形电阻电路的等效变换 ·········· 46
  - 2.1.2 含受控源电路的等效变换 ·········· 48
- 2.2 普通线性电路的分析方法 ·········· 51
  - 2.2.1 支路电流法 ·········· 51
  - 2.2.2 网孔分析法 ·········· 52
  - 2.2.3 节点电压法 ·········· 55
- 2.3 工学结合实训三：电子琴的制作 ·········· 58
  - 2.3.1 实训目的 ·········· 58
  - 2.3.2 实训原理 ·········· 58
  - 2.3.3 实训设备与材料 ·········· 60
  - 2.3.4 实训内容 ·········· 60
  - 2.3.5 实训分析及报告 ·········· 60
  - 2.3.6 注意事项 ·········· 60
- 2.4 课后习题 ·········· 60

第 3 章 电路的基本定理 ·········· 63
- 3.1 叠加定理与齐次定理 ·········· 63
  - 3.1.1 叠加定理 ·········· 63
  - 3.1.2 齐次定理 ·········· 63
  - 3.1.3 叠加定理与齐次定理的应用举例 ·········· 64
- 3.2 戴维南定理 ·········· 66
  - 3.2.1 二端网络的有关概念 ·········· 66
  - 3.2.2 戴维南定理的基本内容 ·········· 66
  - 3.2.3 戴维南定理的应用举例 ·········· 67
- 3.3 诺顿定理 ·········· 68
  - 3.3.1 诺顿定理的基本内容 ·········· 68
  - 3.3.2 诺顿定理的应用举例 ·········· 69
- 3.4 最大功率传输定理 ·········· 70
- 3.5 工学结合实训四：验证叠加定理 ·········· 71
  - 3.5.1 实训目的 ·········· 71

3.5.2　实训原理 ……………………………………………………………………… 72
　　3.5.3　实训设备与材料 …………………………………………………………… 72
　　3.5.4　实训步骤 …………………………………………………………………… 72
　　3.5.5　思考题 ……………………………………………………………………… 73
3.6　工学结合实训五：验证戴维南定理 ……………………………………………… 73
　　3.6.1　实训目的 …………………………………………………………………… 73
　　3.6.2　实训原理 …………………………………………………………………… 73
　　3.6.3　实训设备与材料 …………………………………………………………… 74
　　3.6.4　实训步骤 …………………………………………………………………… 75
　　3.6.5　思考题 ……………………………………………………………………… 76
3.7　课后习题 …………………………………………………………………………… 76

第4章　动态电路的分析 …………………………………………………………… 79

4.1　动态电路的基本概念 ……………………………………………………………… 79
　　4.1.1　电路的稳态与暂态 ………………………………………………………… 79
　　4.1.2　稳态与暂态电路过渡过程分析 …………………………………………… 80
4.2　换路定律与初始值的计算 ………………………………………………………… 81
　　4.2.1　换路定律 …………………………………………………………………… 81
　　4.2.2　电路初始值的计算 ………………………………………………………… 81
4.3　一阶 RC 电路的响应 ……………………………………………………………… 83
　　4.3.1　一阶 RC 电路的零输入响应 ……………………………………………… 83
　　4.3.2　一阶 RC 电路的零状态响应 ……………………………………………… 84
　　4.3.3　一阶 RC 电路的全响应 …………………………………………………… 85
4.4　一阶 RL 电路的响应 ……………………………………………………………… 85
　　4.4.1　一阶 RL 电路的零输入响应 ……………………………………………… 85
　　4.4.2　一阶 RL 电路的零状态响应 ……………………………………………… 87
　　4.4.3　一阶 RL 电路的全响应 …………………………………………………… 88
4.5　工学结合实训六：一阶电路的响应 ……………………………………………… 89
　　4.5.1　实训目的 …………………………………………………………………… 89
　　4.5.2　实训设备与材料 …………………………………………………………… 89
　　4.5.3　仿真调试要求 ……………………………………………………………… 89
　　4.5.4　实物电路测试要求 ………………………………………………………… 90
　　4.5.5　思考题 ……………………………………………………………………… 90
4.6　课后习题 …………………………………………………………………………… 91

第5章　正弦交流电路 ……………………………………………………………… 93

5.1　正弦交流电路的基本概念 ………………………………………………………… 93
5.2　正弦交流电路的电压、电流及功率 ……………………………………………… 96
　　5.2.1　单一参数的交流电路 ……………………………………………………… 96
　　5.2.2　混合参数的交流电路 ……………………………………………………… 102
　　5.2.3　RC 交流电路的频率特性 ………………………………………………… 106
5.3　RLC 串并联电路及其频率特性 ………………………………………………… 110

5.3.1　*RLC* 串联电路及其频率特性 ··· 110
5.3.2　*RLC* 并联电路及其频率特性 ··· 112
5.3.3　*RLC* 混联电路 ··· 113
5.4　工学结合实训七：使用 MULTISIM 仿真低通、高通、带通滤波器 ··············· 114
5.4.1　实训目的 ··· 114
5.4.2　实训设备与材料 ··· 114
5.4.3　实训内容 ··· 114
5.4.4　实训测试要求 ·· 117
5.4.5　注意事项 ··· 117
5.5　课后习题 ·· 117

第 6 章　三相交流电路 ··· 119
6.1　单相电源与三相对称电源 ·· 119
6.2　三相对称电源的连接 ··· 120
6.2.1　三相电源的星形（Y）联结方式 ··· 120
6.2.2　三相电源的三角形（△）联结方式 ·· 122
6.3　安全用电 ·· 123
6.3.1　触电形式 ··· 123
6.3.2　触电的防止与相关的安全技术 ··· 124
6.3.3　电气火灾与防火措施 ·· 125
6.4　工学结合实训八：设计、焊接、测试电源电路 ···································· 127
6.4.1　实训目的 ··· 127
6.4.2　实训设备与材料 ··· 127
6.4.3　电路原理图 ··· 127
6.4.4　实训测试要求 ·· 131
6.4.5　注意事项 ··· 131
6.5　课后习题 ·· 132

第 7 章　综合实训：设计、安装、测试万用表 ·································· 134
7.1　实训目的 ·· 134
7.2　实训设备与材料 ··· 134
7.3　指针式万用表最基本的工作原理 ·· 135
7.4　MF47 型万用表的工作原理 ·· 136
7.5　MF47 型万用表电阻档工作原理 ·· 138
7.6　MF47 型万用表的安装步骤 ·· 139
7.6.1　清点材料与主要材料的识别 ·· 139
7.6.2　焊接前的准备工作 ··· 142
7.6.3　焊接练习 ··· 144
7.6.4　元器件的焊接与安装 ·· 146
7.6.5　机械部分的安装与调整 ·· 149
7.6.6　故障的排除 ··· 152
7.7　万用表的使用 ·· 155

7.7.1　MF47型万用表的认识 ·················· 155
7.7.2　机械调零 ·················· 156
7.7.3　读数 ·················· 156
7.7.4　测量直流电压 ·················· 157
7.7.5　测量交流电压 ·················· 157
7.7.6　测量直流电流 ·················· 157
7.7.7　测量电阻 ·················· 158
7.7.8　蜂鸣档的使用 ·················· 158
7.7.9　使用万用表的注意事项 ·················· 158
7.8　万用表安装实习的总体要求 ·················· 159
7.9　考核要求 ·················· 160
7.10　课后习题 ·················· 161

综合练习 ·················· 162
综合练习题一（总分100分） ·················· 162
综合练习题二（总分100分） ·················· 165

参考文献 ·················· 168

第1章 电子元器件与电路的基本概念

> **知识要点**
>
> 了解电路的基本元器件；
> 理解电流、电压、电位和电功率，理解和掌握电路基本元器件的特征；
> 能识别和熟练测试基本电子元器件，具备简单电路的分析能力。

随着科学技术的发展和电工电子设备种类的日益繁多，电子电路技术显得越来越重要。但无论怎样复杂的设计和制造，几乎都是由各种基本电路组成的。所以，认识基本的电子电路元器件，学习电路的基础知识，掌握分析电路的基本规律与方法，是学习电子信息技术的重要内容，也是进一步学习电机、电器和各类智能设备的基础。本章的重点是认识电子电路的基本元器件，理解电路的基本概念和培养分析简单电路的能力。

1.1 常用电子元器件

1.1.1 电阻元件

电阻的英文名称为 Resistance，通常缩写为 R，它是导体的一种基本性质。欧姆定律指出电压（U）、电流（I）和电阻（R）三者之间的关系为 $I = U/R$，也即 $R = U/I$。电阻的基本单位是欧姆，用希腊字母"Ω"来表示。通常"电阻"有两重含义，一种是物理学上的"电阻"这个物理量，另一个指的是电阻这种电子元件。电阻元件的电阻值大小一般与温度、材料、长度、横截面积有关，即

$$R = \rho \frac{L}{S} \tag{1-1}$$

式中，ρ 为导体材料的导电系数（也称电阻率，单位：欧姆·米）；L 为导体的长度；S 为导体的截面积。

从电阻公式(1-1)可得出，导线电阻和导线长度成正比，与导线截面积成反比，和导体材料电阻率有关。同样的材料和截面积，导线越长电阻越大，同样的材料和长度，截面积越小（导线越细）电阻越大。

衡量电阻受温度影响大小的物理量是温度系数，其定义为温度每升高1℃时电阻值发生变化的百分数。电阻的主要物理特征是变电能为热能，也可说它是一个耗能元件，电流经过

它就产生内能。电阻在电路中通常起分压、分流的作用。对信号来说，交流与直流信号都可以通过电阻。

电阻的参数主要有以下三个：

1）电阻的标称阻值和允许偏差：每个电阻都有一个标称阻值，可以用不同标称系列标称，电阻的实际值在该标称系列允许误差范围之内。例如，E24 系列中一电阻的标称阻值是 1000Ω，E24 系列电阻的偏差是 5%，则这个电阻的实际值是 950~1050Ω 中的某一个值。电阻阻值的单位有 Ω、kΩ、MΩ，其中，$1kΩ = 1000Ω$，$1MΩ = 1000kΩ = 10^6 Ω$。

2）电阻的功率：电阻有额定功率，电阻的额定功率是指在规定的大气压和特定的温度环境条件下，长期连续工作所能承受的最大功率值。

3）电阻的温度特性：随着温度的改变，电阻的阻值也会发生改变。

1. 电阻的分类

电阻有不同的分类方法。按材料可分为碳膜电阻、水泥电阻、金属膜电阻和线绕电阻等不同类型；按功率可分为 $\frac{1}{16}$W、$\frac{1}{8}$W、$\frac{1}{4}$W、$\frac{1}{2}$W、1W、2W 等额定功率的电阻；按电阻值的精确度分，有精确度为 ±5%、±10%、±20% 等的普通电阻，还有精确度为 ±0.1%、±0.2%、±0.5%、±1%、±2% 的精密电阻；根据电阻阻值的变化情况，可将电阻分为固定电阻、可变电阻（电位器）、特殊电阻（光敏电阻、热敏电阻等）三大类。在电子产品中，以固定电阻应用最多。而固定电阻以其制造材料又可分为好多类，但常用、常见的有 RT 型碳膜电阻、RJ 型金属膜电阻、RX 型线绕电阻，还有近年来广泛应用的片状电阻。型号命名很有规律，第一个字母 R 代表电阻；第二个字母的意义分别是：T—碳膜，J—金属膜，X—线绕，这些符号是汉语拼音的第一个字母。在国产老式的电子产品中，常可以看到外表涂覆绿漆的电阻，那是 RT 型的，而红颜色的电阻，是 RJ 型的。一般老式电子产品中，以绿色的电阻居多，这是因为碳膜电阻成本低，而且能满足民用产品的要求。

2. 电阻值大小的识别

电阻的阻值标注有两种方法，一是直接在电阻上标出数据；二是用色环表示阻值。色环表示阻值可在任意角度识别其阻值大小，不受电阻体积限制，使用方便，被广泛运用。图 1-1 所示为四色环电阻阻值标法，第一色环、第二色环分别为第一、第二位有效数

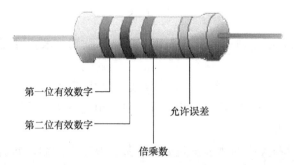

图 1-1 四色环标法（第四色环与其他色环相距较大）

字，第三色环为倍乘数，第四色环为允许误差。图1-2所示为五色环电阻阻值标法，第一色环、第二色环、第三色环分别为第一、第二、第三位有效数字，第四色环为倍乘数，第五色环为允许误差。

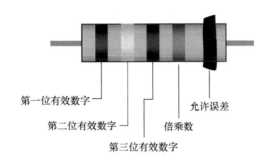

图1-2 五色环标法（第五色环与其他色环相距较大）

每条色环的颜色表示的数值意义见表1-1，由此可知，图1-1中的色环为棕、绿、红、银，阻值为 $15 \times 10^2 \Omega = 1.5 \text{k}\Omega$，其误差为 $\pm 10\%$；图1-2中的色环为棕、黄、棕、橙、棕，阻值为 $141 \times 10^3 \Omega = 141 \text{k}\Omega$，其误差为 $\pm 1\%$。

表1-1 电阻的色环颜色含义

颜色	第一位数字	第二位数字	第三位数字 （四色环电阻无此环）	倍乘数	允许误差
黑	0	0	0	10^0	
棕	1	1	1	10^1	$\pm 1\%$
红	2	2	2	10^2	$\pm 2\%$
橙	3	3	3	10^3	
黄	4	4	4	10^4	
绿	5	5	5	10^5	$\pm 0.5\%$
蓝	6	6	6	10^6	$\pm 0.25\%$
紫	7	7	7	10^7	$\pm 0.1\%$
灰	8	8	8	10^8	
白	9	9	9	10^9	
金				10^{-1}	$\pm 5\%$
银				10^{-2}	$\pm 10\%$

电阻的倒数称为电导，用符号 G 来表示，即

$$G = \frac{1}{R} \tag{1-2}$$

电导的单位是西门子（S）或 1/欧姆（1/Ω）。

1.1.2 电感元件

如图 1-3 所示,电感元件(电感线圈)是用绝缘导线绕制而成的电磁感应元件,是电子电路中常用的元器件之一。电感是用漆包线、纱包线或塑皮线等在绝缘骨架或磁心、铁心上绕制成的一组串联的同轴线匝,它在电路中用字母"L"表示,主要作用是对交流信号进行隔离、滤波或与电容、电阻等组成谐振电路。

图 1-3 电感

1. 电感的分类

根据电感量是否可调,电感可分为固定、可变和微调电感几类;根据电感的结构,电感可分为单层线圈,多层线圈,蜂房线圈,带磁心、铁心和磁心有间隙的电感等。它们的符号如图 1-4 所示,其含义为:图 1-4a 空心线圈;图 1-4b 带磁心、铁心的电感;图 1-4c 磁心有间隙电感;图 1-4d 带磁心连续可调电感;图 1-4e 有抽头电感;图 1-4f 步进移动触点的可变电感;图 1-4g 可变电感。

除此之外,还有一些小型电感,如色码电感、平面电感和集成电感,可满足电子设备小型化的需要。

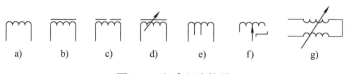

图 1-4 电感电路符号

2. 电感的主要性能参数

(1) 电感量

电感量用 L 表示,电感量的常用单位为 H(亨利)、mH(毫亨)、μH(微亨)。其换算关系为 $1H = 10^3 mH = 10^6 \mu H$。

设两个电感的电感量分别为 L_1、L_2,则两个电感串联后的总电感量为

$$L = L_1 + L_2 \tag{1-3}$$

两个电感并联后的总电感量 L 满足

$$\frac{1}{L} = \frac{1}{L_1} + \frac{1}{L_2} \tag{1-4}$$

（2）品质因数

品质因数是反映线圈质量的一个参数，用 Q 表示。Q 值越大即损耗越小。

（3）分布电容及额定电流

线圈的匝与匝之间具有电容，线圈与地、与屏蔽盒之间也具有电容，这些电容称为分布电容。分布电容的存在，降低了线圈的稳定性，同时也降低了线圈的品质因数，因此一般都希望线圈的分布电容尽可能小。

额定电流主要对高频电感和大功率调谐电感而言。通过电感的电流超过额定值时，电感将发热，严重时会烧坏。

（4）电感的感抗

电感的感抗用 X_C 来表示，且 $X_C = \omega L = 2\pi f L$，感抗的单位是"Ω"，对于一个固定电感量的电感，通过电感的信号频率越高，感抗越大，通过电感的信号频率越低，感抗越小。对于直流信号，因为其频率为零，因此，感抗为零。频率越高的信号越不容易通过电感，因此，电感具有"通直流，阻交流"或"通低频，阻高频"的特性。

3. 电感的性能测试

1）电感量、品质因数及分布电容可用 Q 表测试。

2）可用万用表电阻档测试电感线圈的直流电阻。正常的电感线圈的直流电阻很小，若测量出的直流电阻很大，说明电感线圈已断路。

4. 电感的伏安关系及其储存能量

电感元件作为储能元件能够储存磁场能量。当电感元件为线性电感元件时，电感元件的特性方程为

$$N\Phi = Li \tag{1-5}$$

式中，L 为元件的电感量，是一个与电感本身有关，与电感的磁通、电流均无关的常数；N 为线圈的匝数；Φ 为单匝线圈的磁通；i 为通过电感的电流。

当通过电感元件的电流发生变化时，电感元件中的磁通也要发生变化，根据电磁感应定律，在线圈两端将产生感应电压，设电压与电流关联，电感线圈两端将产生感应电压，即

$$u_L = L\frac{\mathrm{d}i}{\mathrm{d}t} \tag{1-6}$$

式（1-6）表示线性电感的电压 u_L 与电流 i 对时间 t 的变化率成正比。

在一定的时间内，电流变化越快，感应电压越大；电流变化越慢，感应电压越小；如果电流变化为零（直流电流），则感应电压为零，因此，电感元件对直流来说，相当于短路。

当流过电感元件的电流为 i 时，电感元件所储存的能量为

$$W_L = \frac{1}{2}Li^2 \tag{1-7}$$

从式(1-7) 中可以看出，电感元件在某一时刻储存的能量仅与电感的电感量和当时的电流有关。

1.1.3 电容元件

电容元件也称电容器，顾名思义是"装电的容器"，是一种容纳电荷的元件。电容元件是电路器件的电容效应的抽象，用于反映带电导体周围存在的电场，能够储存和释放电场能量的理想化的电路元件。电容种类很多，但从结构上看都可以看成是由中间夹有绝缘材料的两块金属极板构成的。部分电容的外形图如图1-5 所示，部分电容的电路符号如图1-6 所示。

图1-5 部分电容的外形图

图1-6 部分电容的电路符号

1. 电容的分类

1）按结构，电容可分为：固定电容、可变电容、微调电容。

2）按介质材料，电容可分为：气体介质电容、液体介质电容、无机固体介质电容、有机固体介质电容、电解电容。

3）按极性，电容分为：极性电容和无极性电容。

我们最常见到的有无极性电容、电解电容等。

2. 电容的单位

常用电容的容量单位是：法（F）、微法（μF）和皮法（pF）。皮法也称微微法。三者的关系为 $1pF = 10^{-6} \mu F = 10^{-12} F$。

3. 电容的主要性能参数

(1) 标称容量

标称容量是电容外表面所标注的电容量，是标准化了的电容值，其数值同电阻一样，也采用 E24、E12、E6 标称系列。不同类型的电容采用不同的精度等级，精密电容的允许误差较小，而电解电容的允许误差较大。一般常用电容的精度等级分为三级：Ⅰ级为 ±5%，Ⅱ级为 ±10%，Ⅲ级为 ±20%。

设两个电容的电容量分别为 C_1、C_2，则两个电容并联后的总电容量为

$$C = C_1 + C_2 \tag{1-8}$$

两个电容串联后的总电容量满足：

$$\frac{1}{C} = \frac{1}{C_1} + \frac{1}{C_2} \tag{1-9}$$

(2) 额定工作电压

电容在规定的温度下，长期可靠工作时所能承受的最高直流电压称为电容的额定工作电压，又称耐压值。耐压值的大小与电容的介质材料及厚度有关。另外，温度对电容的耐压也有很大的影响。

(3) 绝缘电阻

绝缘电阻是指加到电容上的直流电压与漏电流之比。不同种类、不同容量的电容，其绝缘电阻各不相同。绝缘电阻越大，电容的漏电流越小，性能就越好。

(4) 介质损耗

理想的电容不应有能量损耗，但实际上电容在电场的作用下，总有一部分电能转换成为热能，所损耗的能量称为电容的损耗，它包括金属极板的损耗和介质损耗两部分。小功率电容主要由于介质极化和介质电导等原因而产生介质损耗。

4. 电容标称值的识别

(1) 电解电容（有极性）

正负极的判别：如图 1-7 所示，引线较短的①为负极，引线较长的②为正极。

标称值的判别：从电容侧面可以读出电容的容量和耐压值。

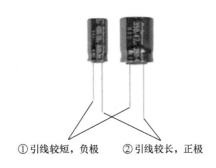

图 1-7　电解电容正负极

（2）其他无极性电容（瓷片电容）

标称值的判别：对于直接标称法，如果数字是0.001，那它代表的是$0.001\mu F$；如果是10n，那么就是10nF；同样100p就是100pF。不标单位的直接表示法如图1-8所示，用1~3位数字表示，容量单位为pF，如103表示$10\times 10^3 pF$。

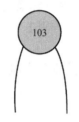

图1-8　瓷片电容

5. 电容的伏安关系及其储存能量

电容元件作为储能元件可以储存电场能量。电容的电荷量随电容两端的电压变化而变化，即

$$q = Cu \tag{1-10}$$

由于电荷的变化，电容中就产生了电流，即

$$i_C = \frac{dq}{dt} \tag{1-11}$$

式中，i_C为电容由于电荷的变化而产生的电流。

将式(1-10)代入式(1-11)，可得

$$i_C = C\frac{du}{dt} \tag{1-12}$$

式(1-12)表示流过线性电容的电流与电容两端的电压对时间的变化率成正比。

对于直流电，$\frac{du}{dt}=0$，则$i_C=0$，说明电容两端电压恒定不变时，通过电容的电流为零，电容元件处于开路状态。因此，电容元件对直流电路来说相当于开路。

电容所储存的电场能为

$$W_C = \frac{1}{2}Cu^2 \tag{1-13}$$

从式(1-13)中可以看出，电容元件在某一时刻储存的能量仅与电容的容量和当时电容两端的电压有关。

6. 电容测试

一般利用万用表的电阻档就可以粗略地测量出电容的优劣情况，粗略地辨别其漏电、容量大小或失效的情况。具体方法是（与测量电阻方法类似）：根据阻值的变化情况可大致判断电容质量，阻值变化快容量小、阻值变化慢容量大、阻值为零电容短路、阻值为无穷大电容可能失效或容量很小。

因 1μF 以下的固定电容容量太小，用万用表进行测量，只能定性地检查其是否有漏电、内部短路或击穿现象。测量时，可选用机械式万用表的 $R \times 10k$ 档，用两表笔分别任意接电容的两个引脚，指针应不动或微动。若测出阻值（指针向右摆动）为零，则说明电容漏电损坏或内部击穿。

对于 1～50μF 的固定电容可用机械式万用表的 $R \times 1k$ 档直接测试，50μF 以上的固定电容可用 $R \times 100$、$R \times 10$、$R \times 1$ 档（注：容量越大档位越小）直接测试电容有无充电过程以及有无内部短路或漏电，并可根据指针向右摆动的幅度大小估计出电容的容量。

如图 1-9 所示，因为电解电容的容量较一般固定电容大得多，所以，测量时，应针对不同容量选用合适的量程。如有明显充放电现象，说明是好电容；如指针无回摆，说明电容已经被击穿；如果指针不动，说明电容绝缘老化不通。

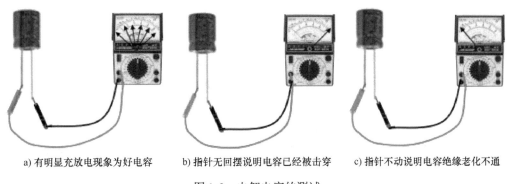

a) 有明显充放电现象为好电容　　b) 指针无回摆说明电容已经被击穿　　c) 指针不动说明电容绝缘老化不通

图 1-9　电解电容的测试

使用电容的注意事项：有极性电容在使用时必须注意极性，正极接高电位端，负极接低电位端。

1.1.4　二极管

二极管的种类和型号繁多，这里选几种比较常见的二极管进行介绍，有关它们的外形如图 1-10 所示，电路符号如图 1-11 所示。二极管是用半导体单晶材料制成的半导体器件，根据制造材料的不同，有多个种类和多种用途。二极管一般按材料分为硅二极管和锗二极管；按用途分为整流二极管、检波二极管、开关二极管、稳压二极管等。

a) 整流二极管　　b) 发光二极管　　c) 塑封稳压二极管　　d) 光敏二极管　　e) 表面安装二极管

图 1-10　二极管的外形图

a) 一般二极管　　b) 稳压二极管　　c) 发光二极管　　d) 光敏二极管　　e) 变容二极管

图 1-11　二极管的电路符号

1. 二极管的主要技术参数

（1）整流、检波、开关二极管

这类二极管有两个相同的主要特性参数，即最大整流电流 I_F 和最大反向电压 U_{RRM}。最大整流电流 I_F 也称正向电流，指的是二极管长期连续工作时允许通过的最大正向电流值。最大反向电压 U_{RRM} 是二极管在工作中能承受的最大反向电压值。

（2）稳压二极管

稳压二极管的主要参数有稳定电压 U_Z、最大工作电流 I_{ZM}、最大耗散功率 P_{ZM}、动态电阻 R_Z 和稳定电流 I_Z 等。

（3）发光二极管

发光二极管的主要参数有最大正向电流 I_{FM}、正向工作电压 U_F、反向耐压 U_R 和发光强度 I_V。一般常用发光管的 I_{FM} 为 20～40mA，U_F 为 1.8～2.5V，$U_R \geq 5V$，I_V 为 0.3～1.0mcd。

2. 二极管的极性判别和性能检测

二极管具有单向导电性，具有两个电极。一般二极管有色点的一端为正极，塑封二极管有色圆环标志的一端是负极，可用万用表电阻档测出。

使用数字万用表的蜂鸣档可快速检测出二极管的正负极，即首先将数字万用表调到蜂鸣档，红表笔接二极管的一端，黑表笔接二极管的另一端，如能听到蜂鸣声，说明红表笔所接一端为二极管的正极，而黑表笔所接一端为二极管的负极；反之，则说明红表笔所接一端为二极管的负极，而黑表笔所接一端为二极管的正极。

使用机械式万用表检测二极管时，可选择万用表 $R\times 1k$ 的欧姆档，其中黑表笔作为电源正极，红表笔作为电源负极，根据二极管正向导通、反向阻断的单向导电性将表笔对调一次即可测出其极性及好坏，如图 1-12 所示。

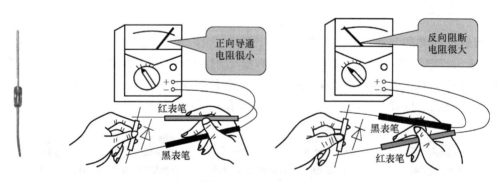

图 1-12　机械式万用表测试二极管极性

使用机械式万用表检测二极管，可参考表 1-2，选用 $R\times 100$ 档或 $R\times 1k$ 档，用红表笔接二极管的一端（假设为 a 端），黑表笔接另一端（假设为 b 端），记下此时的电阻值 $R_{红黑}$，如图 1-13a 所示。把万用表表笔对换，可记下另一个电阻值 $R_{黑红}$，如图 1-13b 所示。

如果外接电源正极连接到二极管正极，外接电源负极连接到二极管负极，则二极管导通，二极管阻值很小，压降较小（一般硅管为 0.5～0.7V，锗管为 0.2～0.3V）；反之，如果外接电源正极连接到二极管负极，外接电源负极连接到二极管正极，则二极管截止，二极管阻值很大。

表 1-2　机械式万用表检测二极管

现象记录	测量结论	
$R_{红黑} = R_{黑红} = 0$	坏管，内部短路	
$R_{红黑} \to \infty$，$R_{黑红} \to \infty$	坏管，内部断路	
$R_{红黑}$ 与 $R_{黑红}$ 较接近	二极管性能差，已失效	
$R_{红黑} \gg R_{黑红}$ 如图 1-13a 所示	好管　a 为正极	测量结果呈低阻值时可判断黑表笔所接为正极，红表笔所接为负极
$R_{红黑} \ll R_{黑红}$ 如图 1-13b 所示	好管　b 为正极	

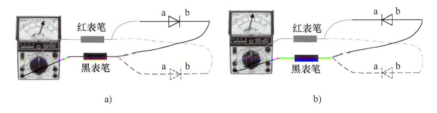

图 1-13　机械式万用表检测二极管的接法

发光二极管可用机械式万用表的 $R \times 10k$ 档或数字万用表的电阻档检测。正向连接时，给其加上额定工作电压，能发光就是好的，否则表示已经损坏。

1.1.5　晶体管

双极型晶体管简称为晶体管，晶体管共有三个电极，分别称为基极（简称 b 极）、集电极（简称 c 极）、发射极（简称 e 极），它是由两个 PN 结构成的三端子有源器件。在其内部有两种载流子参与器件的工作过程，所以称为双极型晶体管，部分晶体管的外形图如图 1-14 所示。

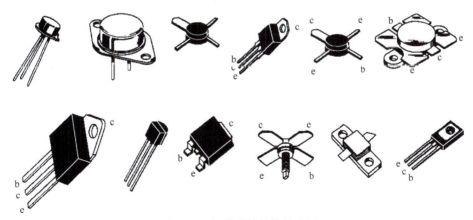

图 1-14　部分晶体管的外形图

电路基础

晶体管按频率分类一般可分为低频、高频和甚高频三类；按功率分类一般可分为小功率、中功率和大功率三类；按结构分为 PNP 型和 NPN 型晶体管，如图 1-15 所示。

在使用中功率和大功率的晶体管时，为达到要求的输出功率，一般要加散热片。

晶体管管脚的判断可根据晶体管的内部结构判断，图 1-16a 所示为 NPN 型晶体管的内部模拟结构，图 1-16b 所示为 PNP 型晶体管的内部结构，相当于两个二极管相接而成。可以利用此特性，参考前面所述的二极管测量方法，找出晶体管的三个管脚，一般先确定晶体管的类型和找出晶体管的基极，再找出晶体管的集电极、发射极。

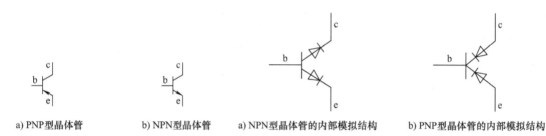

a) PNP 型晶体管　　b) NPN 型晶体管　　a) NPN 型晶体管的内部模拟结构　　b) PNP 型晶体管的内部模拟结构

图 1-15　PNP 型和 NPN 型晶体管　　　　图 1-16　晶体管的内部模拟结构

1. 确定晶体管的类型和找基极

如同检测二极管，可使用机械式万用表电阻档，如图 1-17 所示，任选一脚接上红表笔（假如为 1 脚），其他两脚（假如为 2 脚和 3 脚）先后接上黑表笔，测得两个电阻 R_{12}、R_{13}，最多轮换三次共六组数据，直至有表 1-3 所示的记录，则可判断管子的类型和基极。

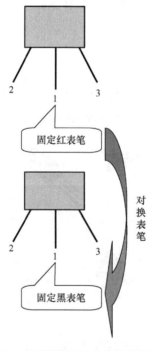

图 1-17　机械式万用表找晶体管基极

表 1-3　机械式万用表找晶体管基极

测量记录	测量结论	判断依据
$R_{12} = R_{13} =$ 低阻 对换表笔 $R_{12} = R_{13} =$ 高阻	红表笔所接为 b 极，该管为 PNP 型管	对于机械式万用表，红表笔接万用表内部电源的负极，而黑表笔接万用表内部电池的正极。因为 PNP 型晶体管的 b 极电位低于 c、e 极电位，红表笔接 b 极相当于晶体管内部的两个二极管正向导通，呈现低电阻；反之，对于 NPN 型晶体管，b 极电位高于 c、e 极电位，黑表笔接 b 极，晶体管内部的两个二极管正向导通，呈低电阻；不出现等值低电阻，说明晶体管已坏
$R_{12} = R_{13} =$ 高阻 对换表笔 $R_{12} = R_{13} =$ 低阻	黑表笔所接为 b 极，该管为 NPN 型管	
三组数据均没有相等低阻值	为坏管	

2. 判断晶体管的集电极和发射极

判断晶体管的集电极和发射极的基本原理是把晶体管接成单管放大电路，如图 1-18 所示，以测量管脚在不同接法时的电流放大系数 β 的大小来比较，管脚接法正确时的 β 值较接法错误时的 β 值大，则管脚接法正确时的电阻值较接法错误时的电阻值小，可判断 c 极和 e 极。做法如下：

在已知 b 极及管子类型的情况下，我们在 b、c 之间加上一阻值为 91kΩ 的电阻，如图 1-18 所示，相当于给被测管子的集电结上加有反向偏压，发射极加上正向偏压，使其处于放大状态，此时电流放大倍数 β 较高，所产生的集电极电流 I_c 使万用表指针明显向右偏转，此时阻值较小；当红表笔接反，相当于工作电压接反了，管子不能正常工作，此时电流放大倍数大大降低，甚至为 0，万用表指针摆幅极小或根本不动，此时阻值很大。

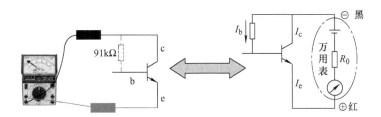

图 1-18　机械式万用表测晶体管集电极和发射极原理图

如图 1-19 所示，取 91kΩ 电阻，一脚接待测晶体管的 b 极，另一脚接待测晶体管的任一极（如 1 脚），用机械式万用表测量其两管脚的电阻为 R_{12}，对换表笔再测得另一阻值为 R_{21}，若两次测得的电阻值无明显差异，则该数据不能作为判别 c 极与 e 极的依据，应将 91kΩ 电阻接另一管脚（如 2 脚），再测电阻 R_{12} 和 R_{21}，如果测得的 c 极与 e 极电阻有明显差异，则可根据表 1-4 判断 c 极、e 极。

电路基础

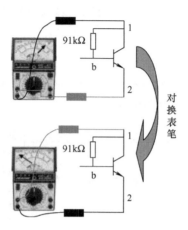

图 1-19 机械式万用表判别晶体管的 c 极和 e 极

表 1-4 机械式万用表判别晶体管的 c 极和 e 极

管子类型	测量现象		测量结论
NPN 型	$R_{12} \gg R_{21}$	1 脚为 c 极	测量结果呈低阻值时黑表笔所接为 c 极，红表笔所接为 e 极
PNP 型	$R_{12} \gg R_{21}$	1 脚为 e 极	测量结果呈低阻值时红表笔所接为 c 极，黑表笔所接为 e 极

1.2 电路的组成及作用

图 1-20 所示为大家熟知的手电筒实物连接电路图，在手电筒电路中，大致有 4 个元件：电池、灯泡、开关和电路连接部件（导线）。其中，电池为电路中的电源部分，为电路提供能量；灯泡为电路中的负载部分，消耗电能；开关和连接部件均属于电路中的中间环节。

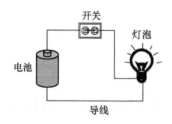

图 1-20 手电筒实物连接电路图

1. 手电筒电路模型的分析

1）电池：电池中内阻的存在，使得其端电压随着负载的变化而变化，因此可用具有恒定端电压的电压源和一个电阻的串联来表征。

2）灯泡：灯泡工作时将电能转换成光能和热能，同时灯泡中也产生相应磁场。通过进一步的研究可知，灯泡中耗能的因素远大于产生磁场的因素，灯泡转换成热能的能量远大于转换成光能的能量，因此在一定条件下，可以忽略灯泡的次要性质，仅用一个电阻元件来表征。

3）开关和连接部件：在电气特性方面，实际的开关在接通时有一定的接触电阻，但若接触电阻比较小时，可以用理想开关来表示实际的开关。手电筒中的导体和弹簧起到连接电路的作用。与灯泡相比，导体与弹簧的电阻很小，可以用理想化的导线来表示。

2. 手电筒电路的简化

将电路实物用一定理想特性的电路模型代替，可以简化电路，手电筒电路用电路模型简化后的电路模型图如图1-21所示。

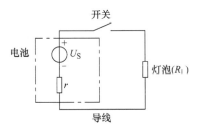

图1-21 手电筒电路模型图

一般来说，电路是为实现某种目的而设计的，它的形式有多种多样，但就其作用而言，主要有以下两个方面：

1）实现能量的传输、分配与转换。如上述手电筒电路把电能转换为光能等，高压输配电系统实现电能的传输与分配。

2）信息的传递与处理。如收音机电路将语音信息从空气中接收到，经过低噪声放大、滤波、混频、滤波、中频放大等电路处理后，实现了语音信息的传递；电视机电路从有线电视线或天线中将音、视频信号经过放大、滤波、混频、中频放大、滤波、基带信号处理后重新还原，实现音、视频信号的传递与处理。

1.3 电路的主要物理量

电路中的主要物理量有电流、电压、电位、电功率、电功、电荷、磁链、能量等。在线性电路分析中，人们主要关心的物理量是电流、电压和功率。

1.3.1 电流

定义：带电粒子的定向移动称为电流。它是单位时间内通过导体某一横截面的电荷量，即

$$i(t) \stackrel{\text{def}}{=} \lim_{\Delta t \to 0} \frac{\Delta q}{\Delta t} = \frac{\mathrm{d}q}{\mathrm{d}t} \tag{1-14}$$

对于直流电，单位时间内通过导体横截面的电荷量是恒定不变的，用大写字母 I 表示，即

$$I \stackrel{\text{def}}{=} \frac{Q}{t} \tag{1-15}$$

国际单位制（SI）中，电流的单位为安培（A），常用单位还有千安（kA）、毫安（mA）和微安（μA）。它们之间的换算关系为

$$1\text{kA} = 10^3 \text{A}, \quad 1\text{A} = 10^3 \text{mA}, \quad 1\text{A} = 10^6 \mu\text{A}$$

在电路分析中，电流的实际方向规定为正电荷的移动方向。为了电路分析的方便，还需要指定电流的参考方向，即人为规定电流的参考方向。

电流参考方向的两种表示方法：

1）用箭头表示：如图 1-22 所示，箭头的指向为电流的参考方向。

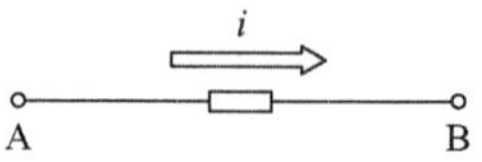

图 1-22　箭头表示电流参考方向

2）用双下标表示：如图 1-23 所示，电流的参考方向由 A 指向 B。

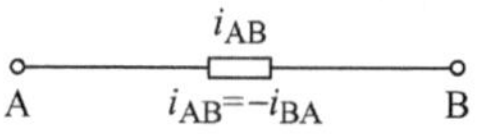

图 1-23　双下标表示电流参考方向

电流实际方向与参考方向的关系：如图 1-24 所示，$i>0$，实际方向与参考方向相同；$i<0$，实际方向与参考方向相反。

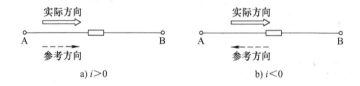

图 1-24　电流参考方向与实际方向的关系

1.3.2　电压

电压也称为电动势差，是衡量单位电荷在静电场中由于电动势不同所产生的能量差的物理量。此概念与水位高低所造成的"水压"相似，水在管中之所以能流动，是因为有高水位和低水位之间的差别而产生的一种压力，使水从高处流向低处。电也是如此，电流之所以能够在导线中流动，也是因为在通电导线中存在高电位和低电位之间的差别，这种差别称为

电位差，也称为电压，如图 1-25 所示。换句话说，在电路中，任意两点之间的电位差称为这两点的电压。

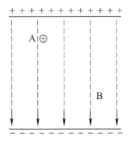

图 1-25 电压

电压大小等于电场力把单位正电荷从 A 点移动到 B 点所做的功，即

$$u = \frac{dW}{dq} \tag{1-16}$$

国际单位制（SI）中，电压的单位为伏特（V），常用单位还有千伏（kV）、毫伏（mV）、微伏（μV）等。它们之间的换算关系为

$$1\text{kV} = 10^3 \text{V}, \quad 1\text{V} = 10^3 \text{mV}, \quad 1\text{V} = 10^6 \mu\text{V}$$

电压的实际方向规定为从高电位指向低电位。电压的参考方向由人为规定。

在电路图中，电压的参考方向可以用"+""-"极性表示，还可以用双下标表示，如图 1-26 所示，有 $u_{ab} = -u_{ba}$。

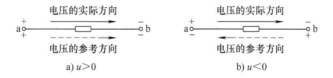

图 1-26 电压参考方向的表示

电压实际方向与参考方向的关系：如图 1-27 所示，$u > 0$，电压实际方向与参考方向相同；$u < 0$，电压实际方向与参考方向相反。

图 1-27 电压实际方向与参考方向的关系

电压、电流参考方向的关系：如图 1-28 所示，元件或支路的 u、i 采用相同的参考方向称之为关联参考方向；反之，称为非关联参考方向。

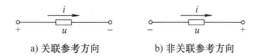

a) 关联参考方向　　　　b) 非关联参考方向

图 1-28 电压、电流参考方向的关系

1.3.3 电位

取电路中某一点为参考点,则电路中点 a 到参考点的电压称为 a 点的电位,表示为 V_a。电位的单位与电压的单位相同。

方向:电位的参考方向规定为从某点指向参考点。参考点的选择是任意的,参考点的电位为零。工程上常选大地或机壳为参考点。

说明:电位可正、可负。例如:$V_a > 0$,表示 a 点电位高于参考点电位。

电压与电位的关系:如图 1-29 所示,以电路中的 o 点为参考点,则有

$$V_a = U_{ao}, \quad V_b = U_{bo}$$
$$U_{ab} = U_{ao} + U_{ob} = U_{ao} - U_{bo} = V_a - V_b$$

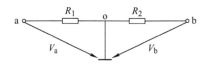

图 1-29 电压与电位的关系

对电路中的任意两点,有

$$U_{ab} = V_a - V_b \tag{1-17}$$

1.3.4 电功率

单位时间内电场力所做的功称为电功率,即

$$p = \frac{dw}{dt} \tag{1-18}$$

根据 $u = \dfrac{dw}{dq}$、$i = \dfrac{dq}{dt}$,则

$$p = \frac{dw}{dt} = \frac{dw}{dq} \times \frac{dq}{dt} = ui \tag{1-19}$$

在国际单位制(SI)中,电功率的单位为 W,常用单位还有 MW、kW、mW 等。它们之间的换算关系为

$$1MW = 10^3 kW, \quad 1kW = 10^3 W, \quad 1W = 10^3 mW$$

在电路分析中,根据电压、电流参考方向的关系,电功率的计算有所不同,如图 1-28a 所示,当电压、电流取关联参考方向时,其计算公式为 $p = ui$;如图 1-28b 所示,当电压、电流取非关联参考方向时,其计算公式为 $p = -ui$。根据电功率的计算结果,当 $p > 0$ 时,该元件为负载,吸收功率;当 $p < 0$ 时,该元件为电源,发出功率。

例 1-1:求图 1-30 中元件吸收或释放的功率,并判断是电源还是负载。

解:图 1-30a 中,元件 1 两端电压参考方向与电流参考方向相关联,有

$$P_1 = U_1 I_1 = 12 \times 1W = 12W > 0$$

因此,元件吸收功率,是负载。

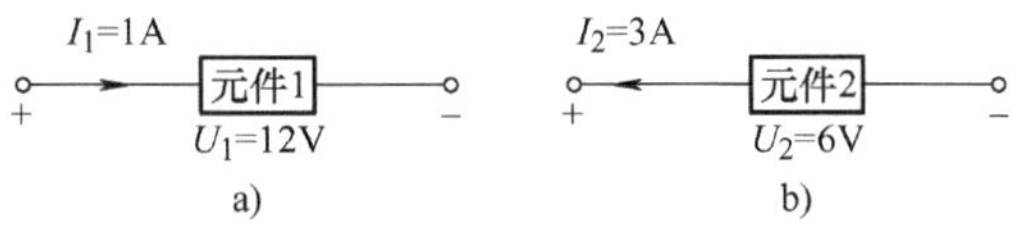

图 1-30b 中，元件 2 两端电压参考方向与电流参考方向非关联，有
$$P_2 = -U_2 I_2 = -6 \times 3 \text{W} = -18 \text{W} < 0$$
因此，元件发出功率，是电源。

1.3.5 电能

电能定义为电流通过负载所做的功，与电功率的关系为
$$W = Pt \tag{1-20}$$
国际单位制（SI）中，电能的单位是焦耳（J），实际中常用的单位为度（千瓦·小时，1 度 = 3.6×10^6 J）。

例 1-2：试计算图 1-31 中负载 3h 内消耗的电能。

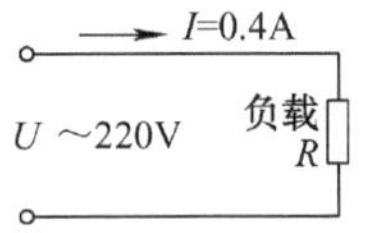

图 1-31 例 1-2 图

解：负载功率为
$$P = UI = 220 \times 0.4 \text{W} = 88 \text{W} = 0.088 \text{kW}$$
该负载 3h 内消耗的电能为
$$W = Pt = 0.088 \times 3 \text{ 度} = 0.264 \text{ 度}$$

1.4 电路的基本定律

1.4.1 欧姆定律

欧姆定律是由德国著名物理学家乔治·西蒙·欧姆于 1826 年在《金属导电定律的规定》论文中提出的。它的内容为在同一电路中，通过某一导体的电流（I）大小与导体的电阻（R）成反比，与导体两端的电压（U）成正比，即
$$I = \frac{U}{R} \tag{1-21}$$
式中，电流 I 的单位为安培（A）；电阻 R 的单位为欧姆（Ω）；电压 U 的单位为伏特（V）。

若某一导体满足欧姆定律，以导体两端电压（U）为横坐标，以流过导体的电流（I）

为纵坐标绘制一条曲线,则该曲线即为伏安特性曲线。若曲线为通过坐标原点的直线,则其斜率即为导体电阻的倒数。那么具有上述性质的导体或电器元件就称之为线性元件,其电阻就叫欧姆电阻或线性电阻。

例 1-3:如图 1-32 所示电路中,若 $U=2\text{V}$,$I=1\text{A}$,试求电路中电阻的阻值 R,并画出其伏安特性曲线。

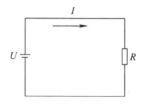

图 1-32 电阻电路

解:电路满足欧姆定律,因此根据 $I=\dfrac{U}{R}$,可得

$$R=\dfrac{U}{I}=\dfrac{2}{1}\Omega=2\Omega$$

伏安特性曲线如图 1-33 所示。

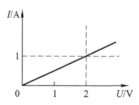

图 1-33 伏安特性曲线

1.4.2 基尔霍夫定律

基尔霍夫定律是电路分析的基本定律,是计算复杂电路的基础。基尔霍夫定律反映了电路中元件连接方式对电流和电压产生的约束关系,是任何电路都满足的基本定律,它又分为基尔霍夫电流定律(Kirchhoff's Current Law,KCL)和基尔霍夫电压定律(Kirchhoff's Voltage Law,KVL)。

1. 电路术语

在介绍基尔霍夫定律之前,首先需要对电路中经常用到的一些电路术语进行讲解和说明。下面以图 1-34 所示电路为例来做简要介绍。

1)支路:由一个或若干个二端元件经串联组成的电流路径称为支路。支路两端的电压称为支路电压。支路中通过每一个二端元件的电流相同,该电流称为支路电流。图 1-34 所示电路中,共有 5 条支路,分别为 $a-R_1-U_1-c$、$a-R_2-c$、$a-R_3-b$、$b-U_2-d$ 和 $b-$

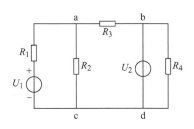

图1-34 普通电路

R_4 - d。其中,支路中只有电阻没有电源的支路称为无源支路;含有电源的支路称为有源支路。任何支路只有两个端点,不具有任何分叉。

2) 节点:三条或者三条以上支路的连接点就称为节点。图1-34所示电路中,共有3个节点,分别为a、b和c。电路中d不能算作一个节点,因为c点和d点间通过一条导线相连,两点可视为一个节点。

3) 回路:电路中由支路构成的任意闭合路径称为回路。图1-34所示电路中,共有6条回路,分别为回路a - R_2 - c - U_1 - R_1 - a、回路a - R_2 - c - d - U_2 - b - R_3 - a、回路b - U_2 - d - R_4 - b、回路a - R_1 - U_1 - c - d - U_2 - b - R_3 - a、回路a - R_2 - c - d - R_4 - b - R_3 - a和回路a - R_1 - U_1 - c - d - R_4 - b - R_3 - a。

4) 网孔:电路内部不包含其他支路的单一闭合回路,称为网孔。图1-34所示电路中,共有3个网孔,分别为网孔a - R_2 - c - U_1 - R_1 - a、网孔a - R_2 - c - d - U_2 - b - R_3 - a和网孔b - U_2 - d - R_4 - b。由此可看出,网孔一定是回路,但是回路不一定是网孔,如回路a - R_1 - U_1 - c - d - U_2 - b - R_3 - a并不是网孔,因为该回路内部还包含了支路a - R_2 - c。

对于某一电路,若有b条支路,n个节点和m个网孔,则该电路具有以下规律:**支路数 - (节点数 - 1) = 网孔数**,即

$$b - (n - 1) = m \tag{1-22}$$

在图1-34所示电路中,共有支路5条,节点3个,网孔3个,则5 - (3 - 1) = 3,满足式(1-22)。

2. 基尔霍夫电流定律

基尔霍夫电流定律(简称KCL)又称为基尔霍夫第一定律,用来确定电路中任意节点处各支路电流之间的约束关系。具体内容为:对于电路中的任一节点,在任意时刻该节点的所有支路电流代数和恒等于零。可表示为

$$\sum i = 0 \tag{1-23}$$

其中,支路电流的正负是由电流方向来决定的,列方程前可统一约定。若规定流入节点的电流取正值,则流出节点的电流即为负值;反之,若规定流出节点的电流取正值,则流入节点的电流即为负值。无论按哪种约定选取电流的方向,KCL均成立。但是,通常情况下,习惯于规定流入节点的电流取正值,此时基尔霍夫电流定律便可表示为

$$\sum i_{IN} - \sum i_{OUT} = 0 \text{ 或 } \sum i_{IN} = \sum i_{OUT} \tag{1-24}$$

图 1-35 所示为某一节点的电流情况，若假设流入节点的方向为正，流出节点的方向为负，则根据基尔霍夫电流定律可得

$$i_1 + i_2 + i_4 - i_3 = 0 \tag{1-25}$$

对上式进行移项变形，可得

$$i_1 + i_2 + i_4 = i_3 \tag{1-26}$$

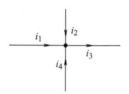

图 1-35　基尔霍夫电流定律

需要特别指出的是，基尔霍夫定律无论是对直流电路、交流电路，甚至是动态电路的瞬态值来说，都是成立的。

例 1-4：电路如图 1-36 所示，各支路电流的参考方向已经标出，试写出各节点的电流方程。

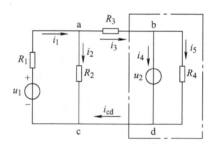

图 1-36　例 1-4 电路图

解：假设流入节点的电流为正，流出为负，则
节点 a 的电流方程为

$$i_1 = i_2 + i_3$$

节点 b 的电流方程为

$$i_3 = i_4 + i_5$$

节点 c 的电流方程为

$$i_1 = i_2 + i_4 + i_5$$

对于例 1-4 中列出的三个节点方程，如果将节点 a 和节点 b 的电流方程等号两边相加，便可以得到节点 c 的电流方程。同理，如果将节点 c 的电流方程加上"-1"倍节点 b 的电流方程，则可得到节点 a 的电流方程。因此，对于图 1-36 所示电路中的 3 个节点 a、b、c，任意节点的电流方程可以通过另外两个节点电流方程的线性组合得到，这两个节点称为独立节点，对应的方程为独立 KCL 方程，另一个节点称为非独立节点。由此可以证明，对于一个含有 n 个节点的电路中，共有 $n-1$ 个独立节点，可以列出 $n-1$ 个独立 KCL 方程。

实际上,基尔霍夫电流定律不仅适用于电路中的节点,还适用于任意假设的封闭面。如图 1-36 所示,流入点画线框所围封闭面电路的两个支路电流分别为 i_3 和 i_{cd},则节点 a 的电流方程为

$$i_1 - i_2 - i_3 = 0$$

节点 c 的电流方程为

$$i_2 + i_{cd} - i_1 = 0$$

将节点 a 和 c 的电流方程等号两边相加,可得

$$i_{cd} - i_3 = 0$$

即流入点画线框所围封闭面的支路电流代数和为 0。

3. 基尔霍夫电压定律

基尔霍夫电压定律(简称 KVL)又称为基尔霍夫第二定律,用来确定电路中任意回路中各电压之间的约束关系。具体内容为:对于电路中的任一回路,在任意时刻该回路中的各段电压代数和恒等于零。可表示为

$$\sum u = 0 \tag{1-27}$$

其中,各段电压的正负是由回路的绕行方向(顺时针或逆时针)来决定的,列方程前可统一约定。若元件电压的参考方向与规定的回路绕行方向一致,则电压取正值;若元件电压的参考方向与规定的回路绕行方向相反,则电压取负值。把回路中所有元件的电压加起来等于零,即得到回路的基尔霍夫电压方程。

电路中各回路方向及各个元件的电压参考方向如图 1-37 所示,根据基尔霍夫电压定律,可得到电路中各回路的电压方程。

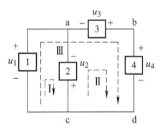

图 1-37 基尔霍夫电压定律

回路 Ⅰ: $-u_1 - u_2 = 0$
回路 Ⅱ: $u_2 - u_3 + u_4 = 0$
回路 Ⅲ: $-u_1 - u_3 + u_4 = 0$

对于回路 Ⅱ 和回路 Ⅲ 的 KVL 方程,可以通过右移分别变形。

回路 Ⅱ: $u_4 + u_2 = u_3$
回路 Ⅲ: $u_4 = u_1 + u_3$

从以上回路 Ⅱ、回路 Ⅲ 的方程可看出,等式左边的项是沿回路方向电位降低的电压和,等式右边是沿回路绕行方向电位升高的电压和。同时,对于电路中任意两点间的电压等于这

两点间任意一条路径经过的各个元器件电压的代数和。例如，b 和 d 两点之间的电压为 u_4，如果沿着回路Ⅱ来看，b、d 之间的电压等于元件 2 和元件 3 上电压的代数和：$u_3 - u_2$；而如果沿着回路Ⅲ来分析，b、d 之间的电压等于元件 1 和元件 3 上电压的代数和：$u_1 + u_3$。即电路中任意两点间的电压大小与回路绕行路径无关。

例 1-5：电路如图 1-38 所示，各支路电流的参考方向已经标出，试写出各回路的电压方程。

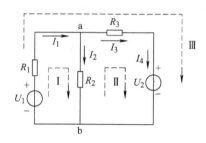

图 1-38　例 1-5 图

解：如图 1-38 所示，假设各回路的绕行方向皆为顺时针方向。

回路Ⅰ：$-U_1 + R_1 I_1 + R_2 I_2 = 0$

回路Ⅱ：$-R_2 I_2 + R_3 I_3 + U_2 = 0$

回路Ⅲ：$-U_1 + R_1 I_1 + R_3 I_3 + U_2 = 0$

对于上述三个回路方程，若将回路Ⅰ和回路Ⅱ的方程等号两边相加，就可以得到回路Ⅲ的方程。因此，在上述三个回路中，有两个是独立的回路（任选其中两个回路），剩下的是非独立回路。如果电路中有 n 个节点、b 条支路，则回路中的网孔数等于 $b - (n - 1)$，即独立 KVL 方程的个数。

例 1-6：电路如图 1-38 所示，$U_1 = 10\text{V}$，$U_2 = 2\text{V}$，$R_1 = 2\Omega$，$R_2 = 2\Omega$，$R_3 = 2\Omega$，求各支路电流及 U_{ab}。其中支路电流参考方向和回路绕行方向已给出。

解：a 点的节点电流方程为

$$I_1 = I_2 + I_3$$

根据基尔霍夫电压定律，列写回路方程。

回路Ⅰ：$-U_1 + R_1 I_1 + R_2 I_2 = 0$

回路Ⅱ：$-R_2 I_2 + R_3 I_3 + U_2 = 0$

带入数据得

$$\begin{cases} I_1 = I_2 + I_3 \\ -10 + 2I_1 + 2I_2 = 0 \\ -2I_2 + 2I_3 + 2 = 0 \end{cases}$$

计算得

$$\begin{cases} I_1 = 3\text{A} \\ I_2 = 2\text{A} \\ I_3 = 1\text{A} \end{cases}$$

电压 $U_{ab} = R_2 I_2 = 4\text{V}$

计算结果中电流值都为正数,代表计算的电流实际方向与参考方向相一致。

1.5 电路的工作状态

1.5.1 负载状态

负载状态也称为通路状态,即电路中加入负载构成闭合回路,负载中有电流通过。在这种状态下,电源端电压与负载电流的关系可以用电源伏安特性确定。

如图 1-39 所示电路,开关接通,电压源接入负载,此时,电路中电流的大小不仅取决于电源电压和内阻,还取决于负载的大小,流过负载的电流为

$$I = \frac{U_S}{R_S + R_L} \tag{1-28}$$

电源向外输出的电压为

$$U = U_S - IR_0 \tag{1-29}$$

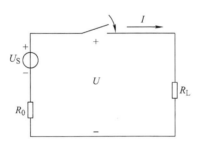

图 1-39 负载状态

负载状态下电源外特性如图 1-40 所示,在负载状态下,$I\uparrow \to U\downarrow$。当 $R_0 \ll R$ 时,则 $U \approx U_S$,表明当负载变化时,电源的端电压变化不大,即带负载能力强。

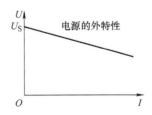

图 1-40 负载状态下电源外特性图

1.5.2 开路状态

开路状态也称为断路状态,若电路中某一处断路,则电阻为无穷大,电流无法正常通过,导致电路中电流为零。若是电压源开路,则是指电源断开,如图 1-41 所示,此时电路

中各参数如下：

$$I = 0$$
$$U = U_0 = U_S \quad (1\text{-}30)$$

如图 1-42 所示，当有源电路中某处断开时，开路处的电流等于零，即

$$I = 0$$

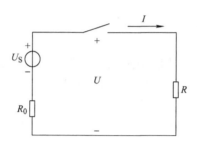

图 1-41　电压源开路状态图

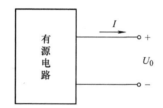

图 1-42　有源电路开路状态图

1.5.3　短路状态

电路被短接的状态称为电路的短路状态，如图 1-43 所示。短路状态下，短路电流很大，电源产生的能量全被内阻消耗掉，电源端电压为零。电路中各参数如下：

$$I = I_S = \frac{U_S}{R_0}$$
$$U = 0 \quad (1\text{-}31)$$
$$P = 0$$
$$P_S = I^2 R_0$$

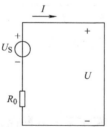

图 1-43　电压源短路状态图

如图1-44所示，当有源电路中某处短接时，短路处的电压等于零，即 $U=0$。

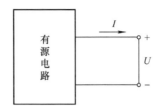

图1-44 有源电路短路状态图

1.6 简单电路的分析

1.6.1 电阻的串联

几个电路元件沿着单一路径互相连接，每个节点最多只连接两个元件，此种连接方式称为串联。以串联方式连接的电路称为串联电路。

图1-45a所示是两只电阻串联的电路，这类电路具有以下特点：①各电阻一个接一个地顺序相连；②各电阻中通过同一电流；③等效电阻等于各电阻之和；④串联电阻上电压的分配与电阻成正比；⑤总电压等于分电压（每个电阻两端的电压）之和。

$$I = \frac{U}{R} = \frac{U}{R_1 + R_2} \tag{1-32}$$

$$U = U_1 + U_2 = IR_1 + IR_2 = I(R_1 + R_2)$$

$$U_1 = R_1 I = \frac{R_1}{R_1 + R_2} U$$

$$U_2 = R_2 I = \frac{R_2}{R_1 + R_2} U \tag{1-33}$$

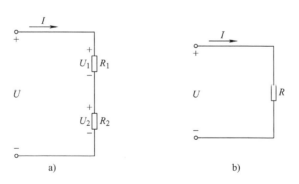

图1-45 串联电路图

根据串联电路的特点，图1-45a可等效为图1-45b，其中，$R = R_1 + R_2$。串联电路的应用主要有降压、限流、调节电压等。例如：①一个电阻的阻值无法满足时，可以用两个或两个以上的电阻串联得到相应的阻值使用；②一个电阻的功率无法满足时，可以用两个或两个以上的电阻串联得到相应的功率使用；③如果一个电阻耐电流有限，可以考虑再串联一个或多个电阻，达到降低电流的目的；④当端电压固定时，如果一个电阻能承受的电压有限，也可以考虑再串联一个或多个电阻，达到降低电压的目的。

例 1-7：已知电路如图 1-46 所示，其中，$U=50\text{V}$，$R_1=20\Omega$，$R_2=30\Omega$，试计算电路的等效电阻、电路中的电流 I 及各元件两端的电压 U_1 和 U_2。

解：

$$R = R_1 + R_2 = 20\Omega + 30\Omega = 50\Omega$$

$$I = \frac{U}{R} = \frac{50}{50}\text{A} = 1\text{A}$$

$$U_1 = \frac{R_1}{R_1+R_2}U = \frac{20}{20+30} \times 50\text{V} = 20\text{V}$$

$$U_2 = \frac{R_2}{R_1+R_2}U = \frac{30}{20+30} \times 50\text{V} = 30\text{V}$$

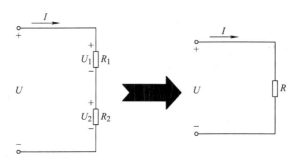

图 1-46　例 1-7 图

1.6.2　电阻的并联

图 1-47a 所示是两只电阻并联的电路，这类电路具有以下特点：①各电阻连接在两个公共的节点之间；②各电阻两端的电压相同；③等效电阻的倒数等于各电阻倒数之和；④并联电阻上电流的分配与电阻成反比。

$$I = I_1 + I_2 = \frac{U}{R_1} + \frac{U}{R_2} = U\left(\frac{1}{R_1} + \frac{1}{R_2}\right) \tag{1-34}$$

$$I_1 = \frac{U}{R_1} = \frac{R_2}{R_1+R_2}I$$

$$I_2 = \frac{U}{R_2} = \frac{R_1}{R_1+R_2}I \tag{1-35}$$

根据并联电路的特点，图 1-47a 可等效为图 1-47b，其中

$$\frac{1}{R} = \frac{1}{R_1} + \frac{1}{R_2} \tag{1-36}$$

当有多个电阻并联时，式(1-36) 可扩展为

第1章 电子元器件与电路的基本概念

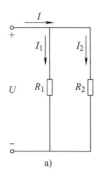
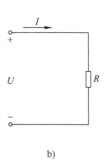

图1-47 并联电路图

$$\frac{1}{R} = \frac{1}{R_1} + \frac{1}{R_2} + \frac{1}{R_3} + \frac{1}{R_4} + \cdots + \frac{1}{R_n} = \sum_{k=1}^{n} \frac{1}{R_k} \qquad (1\text{-}37)$$

式(1-37)可表示为

$$G = G_1 + G_2 + G_3 + G_4 + \cdots + G_n = \sum_{k=1}^{n} G_k \qquad (1\text{-}38)$$

式中，$G = \dfrac{1}{R}$；$G_i = \dfrac{1}{R_i}$。

并联电路的应用主要有分流、调节电流等。

例 1-8：电路如图 1-48 所示，已知 $I = 3\text{A}$，$R_1 = 5\Omega$，$R_2 = 10\Omega$，试计算电路的等效电阻、电路中的电压 U 及通过各元件的电流 I_1 和 I_2。

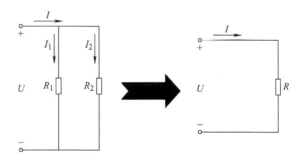

图1-48 例1-8图

解：

$$R = \frac{R_1 R_2}{R_1 + R_2} = \frac{5 \times 10}{5 + 10}\Omega = \frac{10}{3}\Omega$$

$$U = IR = 3 \times \frac{10}{3}\text{V} = 10\text{V}$$

$$I_1 = \frac{U}{R_1} = \frac{10}{5}\text{A} = 2\text{A}$$

$$I_2 = \frac{U}{R_2} = \frac{10}{10}\text{A} = 1\text{A}$$

1.6.3 电阻的混联

既含有电阻串联,又含有电阻并联的电路称为电阻的混联电路。图 1-49 所示是最简单的混联电路图,图中,R_2 与 R_3 并联后再与 R_1 串联,因此有

$$R_{ab} = R_1 + \frac{R_2 R_3}{R_2 + R_3} \tag{1-39}$$

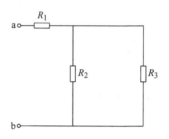

图 1-49 混联电路图

例 1-9:电路如图 1-50 所示,试计算 ab 端的等效电阻 R_{ab}。

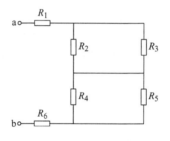

图 1-50 例 1-9 图

解:由图 1-50 可以看出,R_2 与 R_3 并联,R_4 与 R_5 并联,定义 R_2 与 R_3 并联后的电阻为 R_{23},定义 R_4 与 R_5 并联后的电阻为 R_{45},则 R_1 与 R_{23} 串联后,再串联 R_{45},最后串联 R_6,因此有

$$R_{ab} = R_1 + \frac{R_2 R_3}{R_2 + R_3} + \frac{R_4 R_5}{R_4 + R_5} + R_6 \tag{1-40}$$

混联电路可以用串、并联公式化简,具体方法是:
1) 正确判断电阻的连接关系。串联电路所有电阻流过同一电流,并联电路所有电阻承受同一电压。
2) 将所有无阻导线连接点视为同一节点。
3) 采用逐步化简的方法,按照顺序简化电路,最后计算出等效电阻。
4) 对复杂电路,在不改变电路连接关系的前提下,可根据需要改画电路,以便更清楚地表示出各电阻的串、并联关系。

第1章 电子元器件与电路的基本概念

5）对于等电位点之间的电阻支路，必然没有电流通过，所以既可将它视为开路，也可视为短路。

注意：等效电阻针对电路的某两端而言，否则无意义。

1.6.4 实际电压源与实际电流源的等效变换

1. 理想电压源串联等效

理想电压源是从实际电源抽象出来的一种模型，它是一个"理想化"了的电路有源元件，在其两端的电压为恒定值或按照某种给定的规律变化而不论流过的电流为多少。

图1-51a所示为理想电压源的符号图，图1-51b所示为理想直流电压源的伏安特性，显然，理想电压源有以下几个特性：

1）电源两端电压由电源本身决定，与外电路以及流经它的电流的大小方向均无关。
2）通过电压源的电流出电压源以及外电路共同决定。
3）它既可以向外电路供能，也可以从外电路接受能量。理论上讲，理想电压源可以供给无穷大能量，也可以吸收无穷大能量。

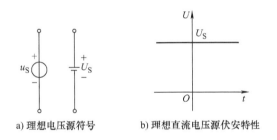

a) 理想电压源符号　　　b) 理想直流电压源伏安特性

图1-51　理想电压源的符号及理想直流电压源的伏安特性

把几个理想电压源串联时，可以等效为一个理想电压源，这时等效电压源电压等于各串联电压源端电压的代数和。图1-52所示为三个理想电压源的串联等效为一个理想电压源，等效理想电压源的端电压等于各串联电压源端电压的代数和，即

$$U_S = U_{S1} + U_{S2} - U_{S3} \tag{1-41}$$

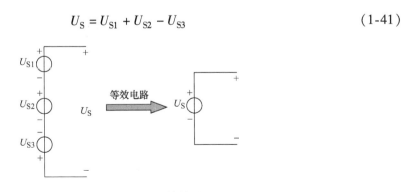

图1-52　理想电压源等效图

例如，在图 1-52 所示电路中，如果 $U_{S1} = -10V$，$U_{S2} = 8V$，$U_{S3} = 5V$，则等效理想电压源端电压 $U_S = (-10 + 8 - 5)V = -7V$。

一般来说，理想电压源不能并联，只有当电源电压相同，并且电压方向一致时才允许并联，否则会在电路中形成很大的环流，烧毁电源，所以不满足条件的电压源不能并联。若理想电压源允许并联，并联后的等效电压源端电压仍为原值。

2. 理想电流源并联等效

理想电流源是"电路分析"学科中的一个重要概念，它是一个"理想化"了的电路有源元件，能够以大小和波形都不变的电流向外部电路供出电功率，且电流不随负载（或外部电路）的变化而变化。当实际电源（如各种电池、220V 的交流电源等）串联一个电阻值远大于负载电阻的电阻器时，它所供出的电流几乎与外电路无关，其特性就接近于一个理想电流源。进行电路分析时，与理想电流源串联的任何元件都可以把它移去而不影响对电路其余部分的计算与分析。图 1-53a 所示为理想电流源的符号，图 1-53b 所示为理想直流电流源的外特性。

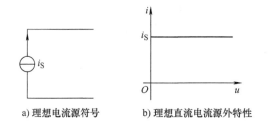

a) 理想电流源符号　　b) 理想直流电流源外特性

图 1-53　理想电流源的符号及理想直流电流源的外特性

显然，理想电流源有以下几个特性：

1) 理想电流源的输出电流只按其自身规律变化。

2) 理想电流源的输出电流与其两端电压方向、大小无关。即使其两端电压为无穷大，其输出电流仍按原来规律变化（为常数或时间的函数）。若理想电流源 $i_S(t) = 0$，则它相当于开路。

3) 理想电流源的输出电流由自身决定，与外电路无关，而其两端电压是由它及外电路共同决定的，即理想电流源两端的电压是随外电路变化的。理论上讲，该电压可在 $-\infty \sim +\infty$ 范围内变化。

4) 理论上讲，理想电流源可以供给无穷大能量，也可以吸收无穷大能量。

把几个理想电流源并联时，可以等效为一个理想电流源，这时等效电流源的端电流等于各并联电流源端电流的代数和。图 1-54 所示为三个理想电流源并联等效为一个理想电流源，即

$$i_S = i_{S1} + i_{S2} - i_{S3} \tag{1-42}$$

例如，在图 1-54 所示电路中，如果 $i_{S1} = -10A$，$i_{S2} = 8A$，$i_{S3} = -5A$，则等效理想电流源端电流 $i_S = -10A + 8A - (-5)A = 3A$。

第 1 章 电子元器件与电路的基本概念

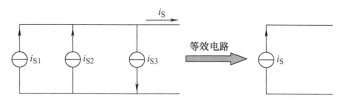

图 1-54 理想电流源等效图

一般来说，理想电流源不能串联，只有当电源电流相同，并且电流方向一致时才允许串联，串联后的等效电流源端电流仍为原值。

3. 理想电压源与电阻、电流源并联等效

当理想电压源与电阻、电流源或任意二端元件并联时，对外都等效为理想电压源。如图 1-55 所示，一个理想电压源与任意二端元件并联，对外等效为理想电压源。

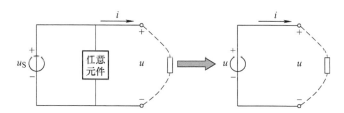

图 1-55 理想电压源并联任意元件等效图

4. 理想电流源与电阻、电压源串联等效

当理想电流源与电阻、电压源或任意二端元件串联时，对外都等效为理想电流源。如图 1-56 所示，一个理想电流源与任意二端元件串联，对外等效为理想电流源。

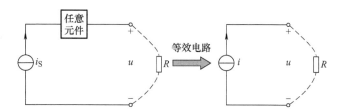

图 1-56 理想电流源串联任意元件等效图

5. 实际电压源模型与实际电流源模型等效变换

实际电压源、实际电流源两种模型可以进行等效变换，所谓的等效是指端口的电压、电流在转换过程中保持不变。

（1）实际电压源

实际电压源如图 1-57a 所示，端口特性为 $u = u_S - R_i i$，即

$$i = \frac{u_S}{R_i} - \frac{u}{R_i} \tag{1-43}$$

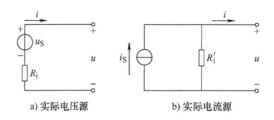

图 1-57 实际电压源与实际电流源等效变换图

（2）实际电流源

实际电流源如图 1-57b 所示，端口特性为

$$i = i_S - \frac{u}{R_i'} \tag{1-44}$$

由以上分析可得，由电压源变换为电流源时，变换关系为

$$i_S = \frac{u_S}{R_i} \tag{1-45}$$
$$R_i' = R_i$$

而当由电流源变换为电压源时，变换关系为

$$u_S = R_i' i_S \tag{1-46}$$
$$R_i = R_i'$$

注意：①电源模型的等效变换只是对外电路等效，对电源模型内部是不等效的；②理想电压源与理想电流源不能互相等效变换，即理想电压源不存在与之对应的理想电流源，理想电流源也不存在与之对应的理想电压源。

例 1-10：将图 1-58 所示的电路等效变换为实际电流源模型（理想电流源并联内阻）的形式。

解：图 1-58 所示的电路为实际电压源模型，变换为等效实际电流源模型时，等效电阻不变，为 5Ω；电流源大小为电压源电压 20V 与 5Ω 相除，即 $\frac{20}{5}A = 4A$，等效后电流源电流流出方向是原电压源的正极，等效后的电路如图 1-59 所示。

图 1-58 例 1-10 图　　　　图 1-59 例 1-10 解图

例 1-11：将图 1-60 所示的电路等效变换为实际电压源模型（理想电压源串联内阻）的形式。

解：图 1-60 所示的电路为实际电流源模型，变换为等效实际电压源模型时，等效电阻不变，为10Ω；电压源端电压大小为电流源电流2A与10Ω相乘，即2×10V=20V，等效后电压源正极是原电流源流出端，等效后的电路如图1-61所示。

图1-60 例1-11 图　　　　　　　图1-61 例1-11 解图

总结：

1) **数值关系**：实际电压源模型变换成实际电流源模型时满足式(1-45)，实际电流源模型变换成实际电压源模型时满足式(1-46)。

2) **方向关系**：电流源电流方向与电压源电压方向相一致。

3) 等效是对外部电路等效，对内部电路是不等效的。表现在：开路的电压源中无电流流过R_i；开路的电流源可以有电流流过并联电阻；电压源短路时，电阻R_i中有电流；电流源短路时，并联电阻R_i中无电流。

4) 理想电压源与理想电流源不能相互变换。

例1-12：把图1-62所示的电路变换成一个电压源和一个电阻的串联。

解：图1-62右边是一个3A的理想电流源串联一个5V的理想电压源，根据理想电流源串联任意二端元件均等效为理想电流源的变换关系，可以把5V的理想电压源去掉；图1-62左边是一个5V的理想电压源串联一个5Ω的电阻，可以变换为一个$\frac{5}{5}$A=1A的电流源与一个5Ω的电阻并联；再将1A的理想电流

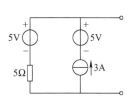

图1-62 例1-12 图

源和3A的理想电流源合并后得4A的理想电流源；最后将4A的理想电流源并一个5Ω的电阻变换为一个20V的理想电压源串联一个5Ω的电阻，即为题目所要求的一个电压源和一个电阻的串联，整个变换过程如图1-63所示。

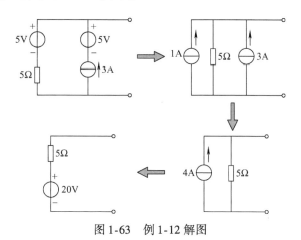

图1-63 例1-12 解图

1.6.5 复杂电路的化简

一些复杂电路既含有电压源，又含有电流源，既有串联电路，又有并联电路，必须经过电路的简化才能计算。常见化简方法如下：

1) 找出理想电压源并联任意元件的部分，将这部分电路等效为理想电压源。
2) 找出理想电流源串联任意元件的部分，将这部分电路等效为理想电流源。
3) 找出电阻串联的部分，计算出等效电阻，将电阻串联部分等效为一个电阻。
4) 找出电阻并联的部分，计算出等效电阻，将电阻并联部分等效为一个电阻。
5) 如果原图中找不到第1）和第2）部分，尝试将电流源模型转换为电压源模型，或将电压源模型转换为电流源模型，然后继续重复第1）至第4）部分。
6) 特别注意，要求的电路参数所涉及元件不能参与任意的等效，在电路中要一直保留。

例1-13：电路如图1-64所示，请计算图中的电流I。

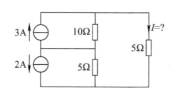

图1-64 例1-13图

解：图1-64所示电路中有两个实际电流源，首先将两个实际电流源变换为实际电压源，然后将实际电压源进行合并，最后根据闭合电路的欧姆定律可以求出图中的$I = \dfrac{20}{15+5}A = 1A$，整个变换过程如图1-65所示。

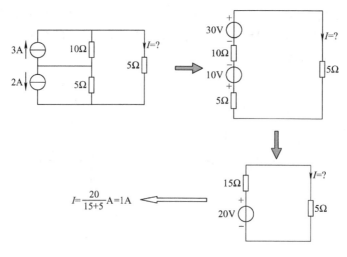

图1-65 例1-13解图

1.7 工学结合实训一：常用电子元器件的识别与测量

1.7.1 实训目的

1. 掌握万用表的使用方法。
2. 掌握用万用表测试电阻阻值和电位器的方法。
3. 掌握用万用表检测电容的方法。
4. 掌握用万用表粗略鉴别二极管性能的方法。
5. 掌握用万用表鉴别晶体管管脚极性的方法。

1.7.2 实训设备与材料

MF47 型指针万用表或 DT830 型数字万用表、二极管、电容、电阻。

1.7.3 万用表的使用方法

万用表，又叫多用表、复用表等，是一种多功能、多量程的测量仪表，一般万用表可以测量直流电流、交流电流、直流电压、交流电压、电阻、电容量等。

万用表主要由表头、测量电路和转换开关三个部分组成。其中，转换开关指的是一个用于选择测量指标的圆形拨盘，具有直流电流、直流电压、电阻等多个选择项；测量电路在万用表上主要表现为表笔和表笔插孔，使用时将红表笔插入"+"插孔，将黑表笔插入"-"插孔，再将红黑表笔与被测物两端相连即可构成一个闭合的测量回路；表头指的是用于显示测量结果的部件，可分为指针式表头和数字式表头两种，目前大多数使用的都为数字式表头。图1-66a 所示是机械式万用表，其表头为指针式表头。图1-66b 所示是数字式万用表，其表头为数字式表头，数字式表头主要由模-数转换电路、信号处理电路和液晶显示屏三部分构成，测量到的模拟电信号经模-数转换器转换为数字电信号，再经信号处理电路处理后将结果显示在显示屏上。

由于数字式万用表得到了大量的使用，以下主要介绍数字式万用表的使用。

1. 电压的测量

（1）直流电压的测量

如测量电池、手机电源等，首先将黑表笔插进"COM"孔，红表笔插进"VΩ"。把旋钮选到比估计值大的量程（注意：表盘上的数值均为最大量程，"V-"表示直流电压档，"V~"表示交流电压档，"A"是电流档），接着把表笔接电源或电池两端，确保接触稳定，否则读数波动范围较大，读数不准确。测量数值可以直接从显示屏上读取，若显示为"1."，则表明量程太小，那么就要加大量程后再测量。如果在数值左边出现"-"，则表明表笔极性与实际电源极性相反，此时红表笔接的是负极。

a) 机械式万用表　　　　　　　b) 数字式万用表

图 1-66　万用表

(2) 交流电压的测量

表笔插孔与直流电压的测量一样，不过应该将旋钮打到交流档 "V～" 处所需的量程。交流电压无正负之分，测量方法跟前面相同。无论测交流电压还是直流电压，都要注意人身安全，禁止用手触摸表笔的金属部分。

2. 电流的测量

(1) 直流电流的测量

先将黑表笔插入 "COM" 孔。若测量大于 200mA 的电流，则要将红表笔插入 "10A" 插孔并将旋钮打到直流 "10A" 档；若测量小于 200mA 的电流，则将红表笔插入 "200mA" 插孔，将旋钮打到直流 200mA 以内的合适量程。调整好后，就可以测量了。将万用表串联进电路中，保持稳定，即可读数。若显示为 "1."，那么就要加大量程，实际进行电流测量时，在不知道电流大小的情况下，一定要先选大量程，再选小量程。否则，选择小量程测量大电流会烧坏小量程档；如果在数值左边出现 "－"，则表明电流从黑表笔流入万用表。

(2) 交流电流的测量

测量方法与直流电流相同，不过档位应该打到交流档位，选择合适的量程，在不知道测量电流大小的情况下，先选择大量程，再选择小量程，电流测量完毕后应将红表笔插回 "VΩ" 孔，否则，将造成万用表的烧坏。

3. 电阻的测量

将黑表笔插进 "COM" 孔，红表笔插入 "VΩ" 孔中，把旋钮旋到 "Ω" 中所需的量程，用表笔接在电阻两端金属部位，测量中可以用手接触电阻，但不要把手同时接触电阻两端，这样会影响测量精确度，因为人体是电阻很大但是有限大的导体。读数时，要保持表笔和电阻有良好的接触；不同档位对应的单位也不同。在"200"档时单位是"Ω"，在"2k"到"200k"档时单位为"kΩ"，"2M"以上的单位是"MΩ"。

4. 二极管的测量

数字万用表可以测量发光二极管、整流二极管等二极管，测量时，表笔位置与电压测量一样，将旋钮旋到二极管符号档。用红表笔接二极管的正极，黑表笔接负极，这时会显示二极管的正向压降。肖特基二极管的压降是 0.2V 左右，普通硅整流管（1N4000、1N5400 系列等）约为 0.7V，发光二极管为 1.8~2.3V。调换表笔，显示屏显示"1."则为正常，因为二极管的反向电阻很大，否则此管已被击穿。

5. 晶体管的测量

表笔插位同二极管的测量，其原理同二极管。先假定任意一脚（A 脚）为基极，用黑表笔与该脚相接，红表笔分别接触其他两脚。若两次读数均为 0.7V 左右，然后再用红表笔接 A 脚，黑笔接触其他两脚，若均显示"1"，则 A 脚为基极，且此管为 PNP 型管，否则需要重新测量；如果红黑表笔接法与上文相反，则 A 脚为基极，且被测管为 NPN 型管。集电极和发射极可以利用"hFE"档来判断：先将档位打到"hFE"档，可以看到档位旁有一排小插孔，分为 PNP 型和 NPN 型管的测量。前面已经判断出管型，将基极插入对应管型"b"孔，其余两脚分别插入"c""e"孔，此时可以读取数值，即 β 值；再固定基极，其余两脚对调；比较两次读数，读数较大的管脚位置与表面"c""e"相对应。

1.7.4 电解电容极性的判断

在电解电容侧面标有"–"的是负极，如果电解电容上没有标明正负极，也可以根据它引脚的长短来判断，长脚为正极，短脚为负极，如图 1-67 所示。

图 1-67 电解电容极性的判断

如果已经把引脚剪短，并且电容上没有标明正负极，那么可以用万用表来判断，判断的方法是正接时漏电流小（阻值大），反接时漏电流大（阻值小）。

1.7.5 实训测试要求

1. 请将识别和测试的电阻值填入表 1-5 中。

表 1-5 电阻参数识别和测试结果

电阻序号	1	2	3	4	5
识别					
测试					

2. 请将识别和测试的电容值填入表 1-6 中。

表 1-6　电容参数识别和测试结果

电容序号	1	2	3	4	5
识别					
测试					

3. 请将二极管的参数填入表 1-7 中。

表 1-7　二极管参数表

型　号	材　料	正向电阻	反向电阻

1.7.6　注意事项

1. 测量时不能用手触摸表笔的金属部分，以保证安全和测量的准确性。测电阻时如果用手捏住表笔的金属部分，会将人体电阻并接于被测电阻而引起测量误差。
2. 测量直流量时注意被测量的极性，避免反偏打坏表头。
3. 不能带电调整档位或量程，避免电刷的触点在切换过程中产生电弧而烧坏电路板或电刷。
4. 不允许测量带电的电阻，否则会烧坏万用表。
5. 在测量电解电容和晶体管等元器件的阻值时要注意极性。
6. 电阻档每次换档都要进行调零。
7. 不允许用万用表电阻档直接测量高灵敏度的表头内阻，以免烧坏表头。
8. 一定不能用电阻档测电压，否则会烧坏熔断器或损坏万用表。
9. 机械式万用表的功能选择开关旋转到适当量程的电阻档，先调整零点，然后再进行测量。并且在测量中每次变换量程，都必须重新调零后再使用。
10. 测试时，特别是在测几十千欧以上阻值的电阻时，手不要触及表笔和电阻的导电部分。
11. 测量晶体管时万用表应置于 $R \times 100$ 或 $R \times 1\text{k}$ 档，切勿放置低电阻档或高电阻档，以防晶体管损坏。

1.8　工学结合实训二：验证基尔霍夫定律

1.8.1　实训目的

1. 验证基尔霍夫定律，加深对其含义的理解。
2. 通过实训加深对电路参考方向的理解。
3. 学会各支路电流和电压的测量。

1.8.2 实训项目原理

对于电路中的任一节点,满足 $\sum I = 0$;对于任一闭合回路,满足 $\sum U = 0$。需要注意的是,各支路和闭合回路中的电流方向需要预先设定。

1.8.3 实训设备与材料

直流可调稳压电源 1 台,万用表 1 个,直流电压表 1 个,直流电流表 1 个,实训电路板 1 套,电阻若干。

1.8.4 电流表的使用注意事项

1. 电流表(见图 1-68)要串联在测量电路中,否则会短路。
2. 测量时,电流要从正极输入,从负极输出,否则电流表指针会反偏。
3. 被测电流不能超过电流表的量程,为了判断是否超出量程,可以采用试触的方法来判断。
4. 由于电流表内阻很小,相当于一根导线,因此绝对不允许不经过元器件而把电流表连到电源的两极上,这样轻则指针打歪,重则烧坏电流表、电源、导线。

图 1-68 电流表

1.8.5 实训过程

实训电路图如图 1-69 所示,按电路图选择元器件并正确连接电路。图中所示 1、2、3 为电流表接入处。

1)首先设定回路的电流参考方向。假设支路电流参考方向如图 1-69 中的 I_1、I_2、I_3 所示;闭合回路的回路电流方向可任意假设,如 A-D-E-F-A、B-A-D-C-B 和 F-A-B-C-D-E-F。

2)将直流稳压电源接入电路,使得 $U_1 = 3V$,$U_2 = 6V$。

3)熟悉电流表插头的结构,将电流表分别接入三条支路中(1、2、3 处),读出电流值并记录到表 1-8 中。

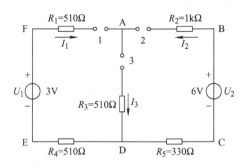

图 1-69 基尔霍夫定律验证电路图

4）用电压表分别测量两个电源及电阻元件上的电压值，并记录到表 1-8 中。

表 1-8 电流和电压记录表

名称	I_1/mA	I_2/mA	I_3/mA	U_1/V	U_2/V	U_{FA}/V	U_{AB}/V	U_{AD}/V	U_{CD}/V	U_{DE}/V
计算值										
测量值										
相对误差										

1.8.6 实训分析及报告

1. 根据 A 点的实训数据验证 KCL 的正确性。
2. 根据实训数据，选定任一闭合回路验证 KVL 的正确性。
3. 如果存在误差，试分析误差原因。
4. 完成实训报告。

1.8.7 注意事项

1. 电流表的正确使用。
2. 电路搭建过程中防止直流稳压电源短路。
3. 实训中读出的电压或电流值应根据设定的参考方向来判断。

1.9 课后习题

1-1 说明图 1-70 中：（1）电压、电流的参考方向是否关联？（2）如果在图 1-70a 中 $U_A = 8V$，$I_A = 3A$；图 1-70b 中 $U_B = 5V$，$I_B = 1A$；图 1-70c 中 $U_C = 12V$，$I_C = 1A$，那么元件实际是发出还是吸收功率？

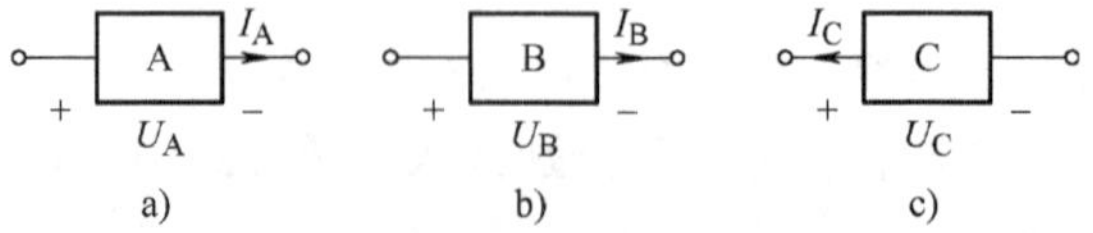

图 1-70 题 1-1 图

第1章 电子元器件与电路的基本概念

1-2 电路如图1-71所示，设元件 A 消耗功率为 8W，求 I_A；设元件 B 消耗功率为 -20W，求 U_B；设元件 C 消耗功率为 -12W，求 I_C。

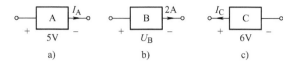

图 1-71 题 1-2 图

1-3 电路如图 1-72 所示，已知 $U_A = -10V$，$U_B = 20V$，$U_C = U_D = -20V$，$I_1 = -3A$，$I_2 = -1.5A$，$I_3 = 3A$，求 A、B、C、D 元件的功率。问哪个元件为电源？哪个元件为负载？哪个元件在吸收功率？哪个元件在产生功率？

1-4 电路如图 1-73 所示，则电流 $I_1 = $_____，$I_2 = $_____。

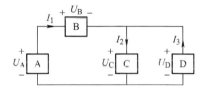

图 1-72 题 1-3 图　　　　　　　图 1-73 题 1-4 图

1-5 电路如图 1-74 所示，若电流源吸收功率为 10 W，电压源供出功率为 16 W，则电阻所吸收的功率为_____W，$R = $_____Ω。

1-6 电路如图 1-75 所示，则电压 $U_1 = $_____V，$U_2 = $_____V，$U_{BC} = $_____V。

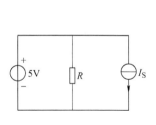

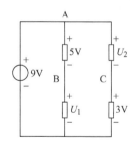

图 1-74 题 1-5 图　　　　　　　图 1-75 题 1-6 图

1-7 电路如图 1-76 所示，则 A、B 端的等效电阻 $R_{AB} = $_____。

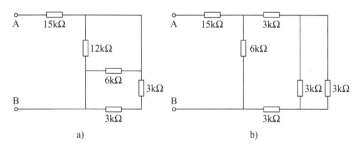

图 1-76 题 1-7 图

1-8 把图 1-77 所示电路等效成电流源模型。

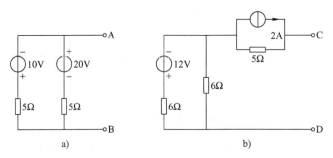

图 1-77 题 1-8 图

1-9 根据图 1-78 所示电路，列出各支路的电压方程，参考方向如图中所示。

1-10 列出图 1-79 所示电路中的 KVL 方程。

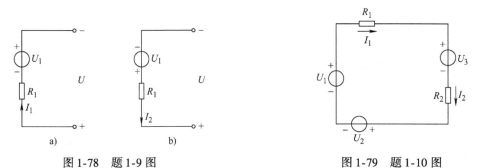

图 1-78 题 1-9 图　　　　　　　图 1-79 题 1-10 图

1-11 图 1-80 所示电路中，共有几个节点、几条支路？

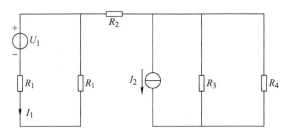

图 1-80 题 1-11 图

1-12 电路如图 1-81 所示，按图中给出的回路列出支路电流方程。

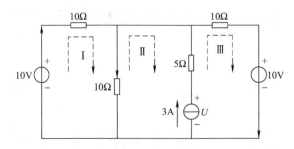

图 1-81 题 1-12 图

1-13 试用支路电流法求出图1-82所示电路中的电流I_1和I_2。

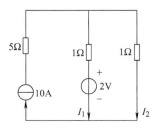

图1-82 题1-13图

1-14 试用支路电流法求出图1-83所示电路中的支路电流I_1、I_2、I_3、I_4。

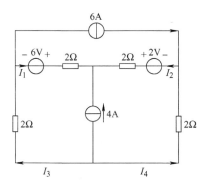

图1-83 题1-14图

1-15 分析图1-84所示电路,并计算等效电阻R_{AB}、R_{CD}。

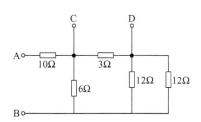

图1-84 题1-15图

1-16 电路如图1-85所示,已知$I_1=2A$,$I_2=-1A$,求U_{AB}、U_{BC}。

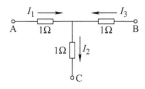

图1-85 题1-16图

第2章 电路的等效规律和基本分析方法

知识要点

理解和掌握电路的等效规律；
熟练掌握支路电流法、网孔分析法、节点电压法等普通线性电路分析方法。

2.1 复杂电路的等效规律

2.1.1 星形电阻电路和三角形电阻电路的等效变换

实际应用中，经常会遇到一些电路中的电阻既不属于常见的串联连接方式也不属于并联连接方式，对这类电路不能进行相应的电路分析。为此需要引入电阻的星形联结和三角形联结的等效变换与分析，以达到对此类电路进行分析与计算的目的。

等效变换的前提是变换前后相应端子间的电压保持不变，且流过相应端子的电流保持不变。

图 2-1 所示的两个电路图为三角形（△）电阻电路与星形（Y）电阻电路。在对应端子间电压相等，流过相应端子的电流相同情况下，两者之间的等效变换满足以下条件。

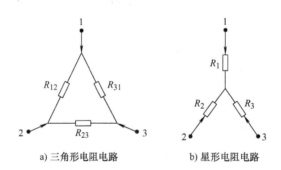

a) 三角形电阻电路   b) 星形电阻电路

图 2-1 三角形电路与星形电路

1) 三角形电路等效为星形电路（△→Y）：

$$R_1 = \frac{R_{12}R_{31}}{R_{12}+R_{23}+R_{31}}$$

$$R_2 = \frac{R_{12}R_{23}}{R_{12}+R_{23}+R_{31}}$$

$$R_3 = \frac{R_{23}R_{31}}{R_{12}+R_{23}+R_{31}}$$

2)星形电路等效为三角形电路（Y→△）：

$$R_{12} = \frac{R_1R_2 + R_2R_3 + R_3R_1}{R_3}$$

$$R_{23} = \frac{R_1R_2 + R_2R_3 + R_3R_1}{R_1}$$

$$R_{31} = \frac{R_1R_2 + R_2R_3 + R_3R_1}{R_2}$$

为了方便记忆，可以将以上等效公式归纳为

$$R_Y = \frac{三角形电路中相邻两电阻之积}{三角形电路中各电阻之和} \quad (2\text{-}1)$$

$$R_\triangle = \frac{星形电路中各电阻两两乘积之和}{对面的星形电阻} \quad (2\text{-}2)$$

对于三角形电阻电路，如果电路中的三个电阻相等，即 $R_{12} = R_{23} = R_{31} = R_\triangle$，则等效变换成星形电路时，等效成的三个电阻也相等，即 $R_1 = R_2 = R_3 = R_Y$，且满足 $R_Y = 1/3\, R_\triangle$；同样，对于星形电阻电路，如果电路中的三个电阻相等，即 $R_1 = R_2 = R_3 = R_Y$，则等效成三角形电路时，等效成的三个电阻也相等，即 $R_{12} = R_{23} = R_{31} = R_\triangle$，且满足 $R_\triangle = 3R_Y$。

例 2-1：电路如图 2-2 所示，已知 $U_S = 60V$，$R_1 = 10\Omega$，$R_2 = 50\Omega$，$R_3 = 20\Omega$，$R_4 = 20\Omega$，$R_5 = 40\Omega$，求电流 I。

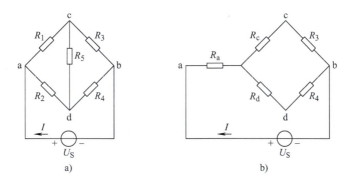

图 2-2 电阻等效变化电路

解：分析图 2-2a 所示电路可知，电路中的 R_1、R_2 和 R_5 三个电阻为典型的三角形电阻连接方式，因此通过等效将其转换为星形联结方式，等效电阻分别为 R_a、R_c 和 R_d，等效后的电路如图 2-2b 所示。由等效公式可得

$$R_a = \frac{R_1 R_2}{R_1 + R_2 + R_5} = \frac{10 \times 50}{10 + 50 + 40}\Omega = 5\Omega$$

$$R_c = \frac{R_1 R_5}{R_1 + R_2 + R_5} = \frac{10 \times 40}{10 + 50 + 40}\Omega = 4\Omega$$

$$R_d = \frac{R_2 R_5}{R_1 + R_2 + R_5} = \frac{40 \times 50}{10 + 50 + 40}\Omega = 20\Omega$$

由此可得

$$R_{ab} = R_a + \frac{(R_c + R_3)(R_d + R_4)}{R_c + R_3 + R_d + R_3} = 5\Omega + \frac{(4+20)(20+20)}{4+20+20+20}\Omega = 20\Omega$$

因此

$$I = \frac{U_S}{R_{ab}} = \frac{60}{20}\text{A} = 3\text{A}$$

2.1.2 含受控源电路的等效变换

1. 等效电阻

前面章节介绍的电压源和电流源，其电压或电流的大小、方向都与电路中的电压和电流无关，因此也被称为独立电压源或独立电流源。而独立是相对于某些受控源而言的。所谓受控源是指其电压或电流不能由自身来决定，而是受电路中其他部分的电压或电流来控制。实际应用中它们对应于晶体管、场效应晶体管等受电压或电流控制的电路模型，一般可以分为：电压控制的电压源（VCVS）、电压控制的电流源（VCCS）、电流控制的电压源（CCVS）和电流控制的电流源（CCCS）。它们的图形符号如图 2-3 所示，其中 μ、β、γ 和 g 分别是相关的控制系数。受控源与独立源具有不同的特性，独立源是整个电路的激励源，给电路提供能量；而受控源表达的是一种约束关系，它可以在独立电源产生作用后向负载提供电压或电流。

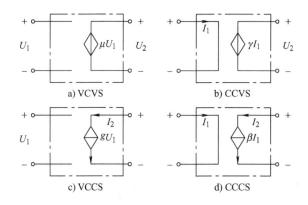

图 2-3 受控源

在电路分析计算过程中，需要求出受控源的等效电阻。通常情况下一般采用外加电压法（也称为端口激励-响应法）来求含有受控源电路的等效电阻 R_{eq}。即在含有受控源但不含独立源的二端网络两端间加一个测试电压 U_T，在此条件下求出电流 I_T，再根据欧姆定律即可求出电阻为

$$R_{eq} = \frac{U_T}{I_T} \tag{2-3}$$

图 2-4a 所示受控电压源电路中，在 A、B 端口外加激励源 U_T。

$$U_T = \mu U_1 + U_1 = (\mu + 1) U_1$$

其中
$$U_1 = R\,I_T$$
因此，U_T 和 I_T 的关系式为
$$U_T = (\mu + 1)R\,I_T$$
而
$$R_{eq} = \frac{U_T}{I_T} = (\mu + 1)\,R$$
等效后的电路如图 2-4b 所示。

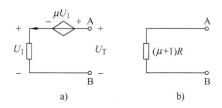

图 2-4　受控电压源等效电阻

图 2-5a 所示受控电流源电路中，在 A、B 端口外加激励源 U_T，根据 KCL 可得
$$I_T = \alpha I_1 + I_1 = (\alpha + 1)I_1$$
其中
$$I_1 = \frac{U_T}{R}$$
因此
$$I_T = (\alpha + 1)\frac{U_T}{R} = \frac{(\alpha + 1)}{R}U_T$$
而
$$R_{eq} = \frac{U_T}{I_T} = \frac{R}{(\alpha + 1)}$$
等效后的电路如图 2-5b 所示。

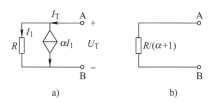

图 2-5　受控电流源等效电阻

2. 受控源之间的等效变换

受控源之间是可以相互等效变换的，一个受控电压源和电阻的串联电路，可以等效为一个受控电流源与电阻的并联电路，反之亦然，如图 2-6 所示。

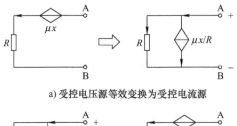

a) 受控电压源等效变换为受控电流源

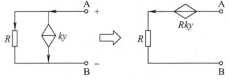

b) 受控电流源等效变换为受控电压源

图 2-6 受控源之间的等效变换

例 2-2：电路如图 2-7a 所示，求单口网络的等效电阻。

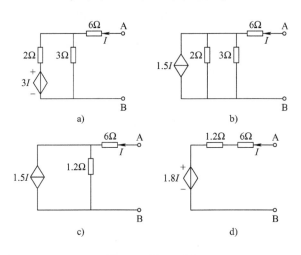

图 2-7 例 2-2 图

解：先将 2Ω 电阻与受控电压源等效变换为受控电流源与电阻的并联单口电路，如图 2-7b 所示；再将 2Ω 与 3Ω 的电阻并联等效为 1.2Ω 的等效电阻，如图 2-7c 所示；而受控电流源与 1.2Ω 并联电阻可以等效变换为受控电压源与电阻的串联电路，如图 2-7d 所示。此时

$$R_{eq} = \frac{U}{I}$$

其中

$$U = (7.2 + 1.8)I = 9I$$

因此，等效电阻 $R_{eq} = 9\Omega$。

2.2 普通线性电路的分析方法

在进行电路分析时,如果遇到较复杂的电路结构,支路较多,此时在用基尔霍夫定律求解计算时,会因为变量较多而难以分析计算。因此,下面将介绍几种普通线性电路分析时常用的分析方法。

2.2.1 支路电流法

支路电流法是在计算复杂电路时所使用的各种方法中最基本的一种方法。其基本原理是利用基尔霍夫定律分别对节点和回路列出所需的电流和电压方程组,进而求解出各支路的电流,最后再对其他所需参数进行分析计算。

运用支路电流法分析某个具有 n 个节点、b 条支路的电路时,其具体过程可总结为:
1) 选定支路电流的参考方向。
2) 写出 KCL 方程,共计 $n-1$ 个。
3) 列出 KVL 方程,共计 $b-n+1$ 个。
4) 根据方程组求解支路电流。
5) 根据支路电流求解其他所需变量。

如图 2-8 所示,电流参考方向已标出,该电路共有两个节点,4 条支路,所以根据 KCL 可以列出 1 个电流方程,根据 KVL 可以列出 3 个电压方程。如果规定电流流入节点取"+",流出节点取"-",则可得到电流方程为

$$I_1 + I_2 + I_3 + I_4 = 0$$

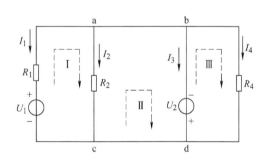

图 2-8 支路电流电路图

假设回路环绕方向如图 2-8 所示,则可列出 3 个电压方程:

$$-U_1 - R_1 I_1 + R_2 I_2 = 0$$
$$-R_2 I_2 - U_2 = 0$$
$$U_2 + R_4 I_4 = 0$$

将上述列出的 4 个方程组成一个方程组,即可求出支路电路 I_1、I_2、I_3 和 I_4 的值。

例 2-3:电路如图 2-9 所示,运用支路电流法求出各支路电流。

解:分析图 2-9 所示电路可知,电路中有 a、b、c、d 共 4 个节点,以及 6 条支路;假

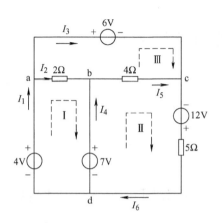

图 2-9 例 2-3 图

设支路电流的参考方向如图中所示，根据支路电流法可列出 3 个电流方程（选取 4 个节点中的任意 3 个），它们分别为

$$I_1 - I_2 - I_3 = 0$$
$$I_2 + I_4 - I_5 = 0$$
$$I_5 + I_3 - I_6 = 0$$

再列出 3 个电压方程，分别为

$$-4 + 2I_2 + 7 = 0$$
$$6 - 4I_5 - 2I_2 = 0$$
$$-7 + 4I_5 - 12 + 5I_6 = 0$$

求解该 6 个方程组成的方程组，可得

$$I_1 = -1.75\text{A} \quad I_2 = -1.5\text{A} \quad I_3 = -0.25\text{A} \quad I_4 = 3.75\text{A} \quad I_5 = 2.25\text{A} \quad I_6 = 2\text{A}$$

2.2.2 网孔分析法

通常情况下，由独立电压源和电阻组成的电路都可以用支路电流法进行分析和求解，即电路中若有 n 个节点和 b 条支路，可通过 $n-1$ 个 KCL 方程和 $b-n+1$ 个 KVL 方程组成的方程组计算支路电流。但是，对于较复杂的电路，支路数目过多时，得到的方程数量也会很多，使得计算变得复杂。因此，为了减少方程数量，人们提出了网孔分析法——通过选择网孔电流作为一组独立电流变量来建立方程分析电路的一种方法。

图 2-10 所示的电路中共有两个节点、3 条支路，如果使用支路电流法进行求解，需要列 3 个独立的方程。而如果假设在电路的每个网孔里面有网孔电流（I_{m1} 和 I_{m2}）绕网孔的边界流动，如图中虚线框标注所示，并以此假设的网孔电流来计算，方程式数将会减少到两个，再通过假设的网孔电流便可计算出支路电流。

通过图 2-10 可以发现，方程的数目等于电路的网

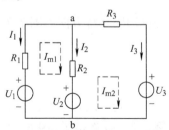

图 2-10 网孔分析法电路图

孔数，也即独立的回路数。根据 KVL，基于网孔电流，图 2-10 所示电路可以得到如下方程：

$$-U_1 + R_1 I_{m1} + R_2 (I_{m1} - I_{m2}) + U_2 = 0$$
$$-U_2 + R_2 (I_{m2} - I_{m1}) + R_3 I_{m2} + U_3 = 0 \tag{2-4}$$

对两个方程进行变形，可得

$$(R_1 + R_2) I_{m1} - R_2 I_{m2} = U_1 - U_2$$
$$-R_2 I_{m1} + (R_2 + R_3) I_{m2} = U_2 - U_3 \tag{2-5}$$

通过分析式(2-5) 可以发现：等式左边为网孔总电阻和网孔自身电流乘积，再加上与隔壁网孔的公共电阻乘以隔壁网孔电流；等式右边为沿网孔电流方向网孔内所有电压源的电压升之和。其中，取自身网孔电流方向为正，如果隔壁网孔电流方向与之相反则为负，与之相同则为正。

网孔分析法的求解步骤可以总结为：
1）确定网孔数、网孔电流及其参考方向。
2）根据元件参数列出网孔方程。
3）求解方程得到网孔电流。
4）根据 KCL 求解各支路电流。

例 2-4：电路如图 2-11 所示，运用网孔分析法求出各支路电流。

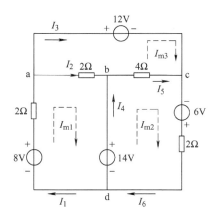

图 2-11 例 2-4 图

解：分析电路可知电路中共有 3 个网孔，网孔电流的各参考方向如图中标注所示，列出网孔方程为

$$(2+2) \times I_{m1} - 2 I_{m3} = 8 - 14$$
$$(4+2) \times I_{m2} - 4 I_{m3} = 14 + 6$$
$$(4+2) \times I_{m3} - 2 I_{m1} - 4 I_{m2} = -12$$

整理得

$$4 I_{m1} - 2 I_{m3} = -6$$
$$6 I_{m2} - 4 I_{m3} = 20$$
$$6 I_{m3} - 2 I_{m1} - 4 I_{m2} = -12$$

解方程得

$$I_{m1} = -\frac{13}{7}\text{A} \quad I_{m2} = \frac{20}{7}\text{A} \quad I_{m3} = -\frac{5}{7}\text{A}$$

根据图中的标示可知：

$$I_1 = I_{m1} = -\frac{13}{7}\text{A}$$

$$I_2 = I_{m1} - I_{m3} = -\frac{13}{7}\text{A} - \left(-\frac{5}{7}\right)\text{A} = -\frac{8}{7}\text{A}$$

$$I_3 = I_{m3} = -\frac{5}{7}\text{A}$$

$$I_4 = I_{m2} - I_{m1} = \frac{20}{7}\text{A} - \left(-\frac{13}{7}\right)\text{A} = \frac{33}{7}\text{A}$$

$$I_5 = I_{m2} - I_{m3} = \frac{20}{7}\text{A} - \left(-\frac{5}{7}\right)\text{A} = \frac{25}{7}\text{A}$$

$$I_6 = I_{m2} = \frac{20}{7}\text{A}$$

如果电路中不只是含有独立源，还含有受控源，分析电路时需要将受控源作为独立电源来处理，然后将受控源的控制变量用网孔电流来表示即可。

例 2-5：如图 2-12 所示，运用网孔分析法求出各支路电流。

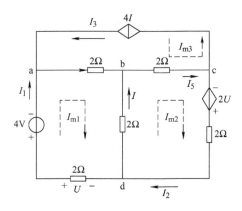

图 2-12　例 2-5 图

解：分析电路可知电路中共有 3 个网孔，网孔电流的各参考方向如图中标注所示，列出网孔方程为

$$(2+2+2)I_{m1} - 2I_{m2} + 2I_{m3} = -4$$
$$(2+2+2)I_{m2} - 2I_{m1} + 2I_{m3} = 2U$$
$$I_{m3} = 4I = 4(I_{m2} - I_{m1})$$

其中

$$U = -2I_{m1}$$

方程整理可得

$$-2I_{m1} + 6I_{m2} = -4$$
$$-6I_{m1} + 14I_{m2} = 0$$

解方程得

$$I_{m1} = -7\text{A} \quad I_{m2} = -3\text{A} \quad I_{m3} = 16\text{A}$$

2.2.3 节点电压法

在分析求解电路时,如果电路中存在较多的网孔,此时再使用网孔分析法分析将不再简便。此时,可以将 KVL 方程带入 KCL 方程,从而求解得到节点电压,最后再通过节点电压求解各支路电流及其他相关变量,那么这种方法称之为节点电压法。

图 2-13 所示电路中有 a、b、c、d 共 4 个节点,首先选取其中一个节点为参考点,如选取节点 d 为参考点,并假设该节点的电位为零,一般用接地符或 0 来表示,那么其他节点到该节点的电压就称为节点电压,通常用 U_{na}、U_{nb}、U_{nc} 来表示。

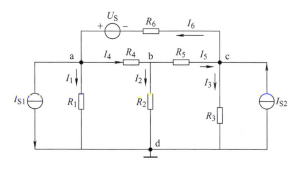

图 2-13 节点电压分析电路图

假设各个支路电流的参考方向如图 2-13 中所示,利用 KCL 可得各节点的电流方程为

$$\left. \begin{array}{l} I_6 - I_1 - I_4 - I_{S1} = 0 \\ I_4 - I_2 - I_5 = 0 \\ I_5 + I_{S2} - I_3 - I_6 = 0 \end{array} \right\} \quad (2\text{-}6)$$

根据欧姆定律可得

$$\left. \begin{array}{l} I_1 = \dfrac{U_{na}}{R_1} \\[6pt] I_2 = \dfrac{U_{nb}}{R_2} \\[6pt] I_3 = \dfrac{U_{nc}}{R_3} \\[6pt] I_4 = \dfrac{U_{na} - U_{nb}}{R_4} \\[6pt] I_5 = \dfrac{U_{nb} - U_{nc}}{R_5} \\[6pt] I_6 = \dfrac{U_{nc} + U_S - U_{na}}{R_6} \end{array} \right\} \quad (2\text{-}7)$$

将式(2-7)带入到式(2-6)中,整理可得

$$\left(\frac{1}{R_1}+\frac{1}{R_4}+\frac{1}{R_6}\right)U_{\mathrm{na}}-\frac{1}{R_4}U_{\mathrm{nb}}-\frac{1}{R_6}U_{\mathrm{nc}}=\frac{U_{\mathrm{S}}}{R_6}-I_{\mathrm{S1}}$$

$$\left(\frac{1}{R_2}+\frac{1}{R_4}+\frac{1}{R_5}\right)U_{\mathrm{nb}}-\frac{1}{R_4}U_{\mathrm{na}}-\frac{1}{R_5}U_{\mathrm{nc}}=0 \qquad (2\text{-}8)$$

$$\left(\frac{1}{R_3}+\frac{1}{R_5}+\frac{1}{R_6}\right)U_{\mathrm{nc}}-\frac{1}{R_5}U_{\mathrm{nb}}-\frac{1}{R_6}U_{\mathrm{na}}=I_{\mathrm{S2}}-\frac{U_{\mathrm{S}}}{R_6}$$

式(2-8)即为 a、b、c 三个节点上以节点电压为变量得到的 3 个独立方程,在已知电阻和电源的情况下求解该方程组即可得到各个节点电压,从而可得到各个支路电流和支路电压。

对式(2-8)进行更进一步的分析研究可以发现:上述等式的左边第一项的系数 $\frac{1}{R_1}+\frac{1}{R_4}+\frac{1}{R_6}$、$\frac{1}{R_2}+\frac{1}{R_4}+\frac{1}{R_5}$ 或 $\frac{1}{R_3}+\frac{1}{R_5}+\frac{1}{R_6}$ 均为汇集于该节点的所有电导之和,被称为自电导;第二项和第三项前的系数 $\frac{1}{R_4}$、$\frac{1}{R_5}$ 和 $\frac{1}{R_6}$ 分别是该节点与相邻节点之间的公共电导,也被称为互电导。其中,在方程中自电导总为正,互电导总为负。等式左边代表的意义为该节点通过各电导流出的全部电流,而等式右端表示电源输送给该节点的全部电流。基于此,今后在选定节点后,便能够直接列出节点电压的方程组。方程特点为:等式左边为节点自电导和节点自身电压之积减去互电导与隔壁节点电压之积;右边为电源给节点提供的电流之和,流入节点为正,流出为负。

具体的求解过程可简单概括为:
1)确定参考节点,标注各个节点电压。
2)根据各元件参数,列出节点方程。
3)求解节点方程,计算节点电压。
4)根据节点电压计算支路电流。
5)求解其他所需参数。

例 2-6:电路如图 2-14 所示,运用节点电压法求出各节点电压值。

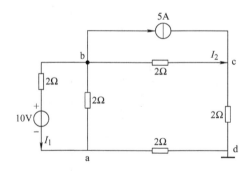

图 2-14 例 2-6 电路图

解：首先选定节点 d 为参考节点，则 a、b、c 三个节点的电压方程为

$$\left(\frac{1}{2}+\frac{1}{2}+\frac{1}{2}\right)U_{na} - \left(\frac{1}{2}+\frac{1}{2}\right)U_{nb} = -5$$

$$\left(\frac{1}{2}+\frac{1}{2}+\frac{1}{2}\right)U_{nb} - \left(\frac{1}{2}+\frac{1}{2}\right)U_{na} - \frac{1}{2}U_{nc} = 5 - 5 = 0$$

$$\left(\frac{1}{2}+\frac{1}{2}\right)U_{nc} - \frac{1}{2}U_{nb} = 5$$

解该方程组可得

$$U_{na} = -\frac{30}{7}\text{V}$$

$$U_{nb} = -\frac{10}{7}\text{V}$$

$$U_{nc} = \frac{30}{7}\text{V}$$

当电路中含有受控源时，只需将受控源作为独立源来进行处理即可，且受控源的控制变量用节点电压表示出来。

例 2-7：电路如图 2-15 所示，运用节点电压法求出各节点电压值。

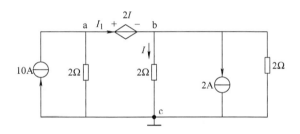

图 2-15　例 2-7 电路图

解：选定节点 c 为参考点，设受控电压源上的电流为 I_1，则

$$\frac{1}{2}U_{na} = 10 - I_1$$

$$\left(\frac{1}{2}+\frac{1}{2}\right)U_{nb} = I_1 - 2$$

同时，受控源两端的节点电压为

$$U_{na} - U_{nb} = 2I$$

其中

$$I = \frac{U_{nb}}{2}$$

因此

$$U_{na} = 8\text{V} \quad U_{nb} = 4\text{V}$$

2.3 工学结合实训三：电子琴的制作

2.3.1 实训目的

1. 熟悉电阻、电容、晶体管、发光二极管等基本元器件。
2. 练习基本的电路焊接技术。
3. 增强动手能力，提高学习兴趣。
4. 掌握基本的电路分析与计算。

2.3.2 实训原理

555 定时器是一种模拟和数字功能相结合的中规模集成器件，只要在外部配置适当的阻容元件就可以构成施密特触发器、单稳态触发器和多谐振荡器等脉冲信号变换电路，常作为定时器广泛应用于仪器仪表、家用电器、电子测量及自动控制等方面。由 555 定时器构成多谐振荡器，其振荡频率可通过改变外接电阻 R、电容 C 元件的数值来进行设置，电子琴电路原理图如图 2-16 所示。具体计算公式如下：

$$f = \frac{1}{T} = \frac{1.43}{(R_1 + 2R_2)C}$$

$$D = (R_1 + R_2)/(R_1 + 2R_2)$$

式中，$R_2 = R + R_{pn}$；f 是 555 定时器输出信号的频率；D 是 555 定时器输出信号的占空比。一般要求 R_1 与 R_2 均应大于 1kΩ，$R_1 + R_2$ 应小于或等于 3.3MΩ。

根据音阶与频率的对应关系表，通过计算，可以得出 8 个音阶对应的电阻值，各音阶振荡频率对应的电阻值 R_2 见表 2-1。

表 2-1 各音阶对应的电阻值

音阶	1	2	3	4	5	6	7	i
R_2/kΩ	22.332	19.345	16.693	15.475	13.240	11.250	9.476	8.663

在图 2-16 所示电路中，555 定时器的 5 脚接 0.01μF 电容的一端，电容另一端接地，主要起滤波作用，用来消除外来的干扰，确保参考电平的稳定。555 定时器的 4 脚为复位端，当 4 脚接入低电平时，输出为 0，正常工作时，4 脚接高电平。555 定时器的 3 脚为输出端，当电源接通时，电容 C_1 充电，3 脚输出高电平。当 $V_{C1} = \frac{2}{3}V_{CC}$ 时，3 脚输出低电平，电容 C_1 通过 R_2 向放电端 7 脚经内部放电管放电，使得电容 C_1 两端电压降低。当 $V_{C1} = \frac{1}{3}V_{CC}$ 时，3 脚输出低电平，放电终止，电容 C_1 再次充电，充电到 $V_{C1} = \frac{2}{3}V_{CC}$，3 脚输出低电平，一直循环往复，电容 C_1 在 $\frac{1}{3}V_{CC}$ 和 $\frac{2}{3}V_{CC}$ 之间充电和放电，从而在输出端得到一系列的矩形波，推动扬声器发声，实现电子琴不同音阶的功能。

第 2 章 电路的等效规律和基本分析方法

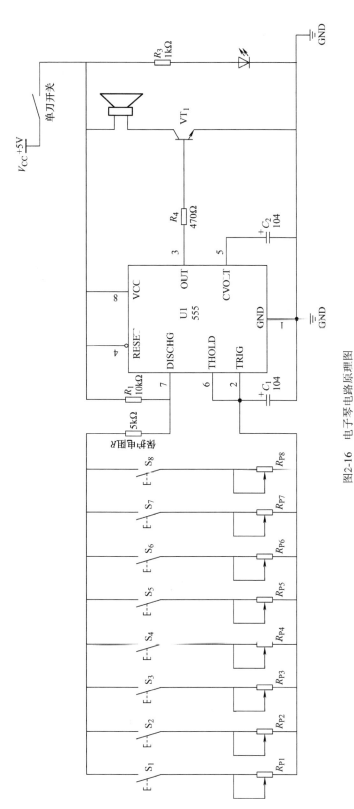

图2-16 电子琴电路原理图

2.3.3 实训设备与材料

NE555N 定时器芯片 1 块，多圈精密可调电阻（50kΩ）8 个，六脚自锁开关（8mm×8mm）1 个，轻触开关（6mm×6mm×5mm）8 个，0.5W 扬声器（4cm）1 个，发光二极管（5mm）1 个，晶体管 S8050 1 个，5kΩ、10kΩ、470Ω、1kΩ 电阻各一个，104 电容两个，电烙铁 1 个，焊锡、松香等。

2.3.4 实训内容

按照图 2-16 所示电路原理图焊接电路。通过调整电阻 $R_{P1} \sim R_{P8}$ 的阻值大小改变振荡频率，直到能发出清晰的音阶为止。将最终得到的电阻阻值填入表 2-2 中。

表 2-2 电阻的阻值记录表

名称	R_{P1}/kΩ	R_{P2}/kΩ	R_{P3}/kΩ	R_{P4}/kΩ	R_{P5}/kΩ	R_{P6}/kΩ	R_{P7}/kΩ	R_{P8}/kΩ
计算值	17.332	14.345	11.693	10.475	8.240	6.250	4.476	3.663
测量值								
相对误差								

2.3.5 实训分析及报告

1. 实训过程中得到的数据如果存在误差，试分析误差原因。
2. 完成实训报告。

2.3.6 注意事项

1. 555 定时器的正确使用及电路连接。
2. 焊接电路时注意安全，元器件焊接完后，应先不带电测试，确保无虚焊、无短路、无断路的情况下，再加电测试。

2.4 课后习题

2-1 电路如图 2-17 所示，试求 A、B 两端的等效电阻 R_{AB}。

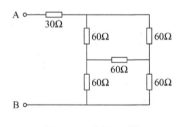

图 2-17 题 2-1 图

2-2 利用电源的等效方法，将图 2-18 所示电路等效变换为电流源模型。

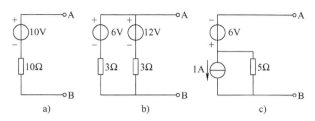

图 2-18 题 2-2 图

2-3 利用电源的等效方法，将图 2-19 所示电路等效变换为电压源模型。

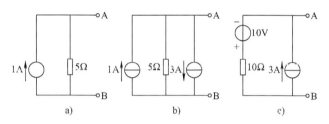

图 2-19 题 2-3 图

2-4 电路如图 2-20 所示，试求端口 A、B 的等效电路。

2-5 电路如图 2-21 所示，用支路电流法求电流 I_1、I_2、I_3。

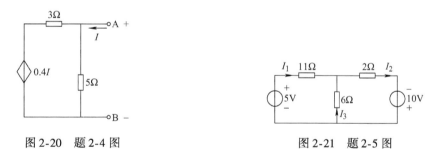

图 2-20 题 2-4 图　　　　　　　图 2-21 题 2-5 图

2-6 试用网孔分析法，求图 2-22 所示电路中的电压 U 和电流 I。

2-7 列出图 2-23 所示电路的节点电压方程。

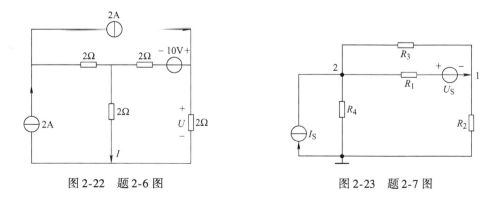

图 2-22 题 2-6 图　　　　　　　图 2-23 题 2-7 图

2-8　试用节点电压法计算图 2-24 所示电路中 1A 电流源发出的功率。

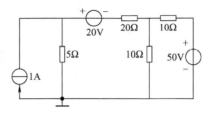

图 2-24　题 2-8 图

2-9　电路如图 2-25 所示，列出电路的网孔方程。

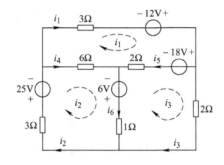

图 2-25　题 2-9 图

第3章 电路的基本定理

知识要点 >>

掌握叠加定理、齐次定理、戴维南定理、诺顿定理及最大功率传输定理分析电路的方法；

运用戴维南定理解决实际电路问题，并仿真分析验证叠加定理、戴维南定理。

电路分析是指在已知电路结构和元件参数的情况下，确定电路中各部分电流与电压的关系。对于结构比较复杂，支路较多，而所求变量又较少的电路分析，前面介绍的定律和分析方法计算起来不够简便，因此本章将重点介绍叠加定理、齐次定理、戴维南定理及诺顿定理对复杂线性电路的分析。

3.1 叠加定理与齐次定理

3.1.1 叠加定理

由独立电源、线性元件及线性受控源组成的线性网络中，多个独立电源共同作用时，在任意支路中产生的电流或电压可以看成是每一个独立电源单独作用于网络时，在该支路上所产生的电流或电压代数和的叠加。如果把独立电源称为激励，由电源所引起的电压、电流称为响应，则叠加定理可以简单描述为：在线性网络中，多个激励同时作用时，由所有激励同时作用引起的总的响应等于每个激励单独作用时引起的响应之和。

在计算过程中，当某个独立电源单独作用时，其他独立电源应为零值，独立电压源为零值相当于短路（即电压源用短路代替），独立电流源为零值相当于开路（即电流源用开路代替）。

特别注意：叠加定理只适用于计算电压或电流，而不能用于计算功率，因为功率=电压×电流，即功率与独立电源之间不是线性关系。

3.1.2 齐次定理

在一个由独立电源、线性元件及线性受控源组成的线性网络中，当线性网络中的所有独立电压源和独立电流源都同时增大或缩小 k 倍（k 为实数）时，线性网络中产生的电压或电流也将同样增大或缩小 k 倍，这就是线性电路的齐次定理。

齐次定理可以通过叠加定理推导出来。显然，当电路中只有一个独立电源时，电路中的电压或电流必将与电源成正比。在电压源激励时，其值扩大 k 倍后，可以等效成 k 个原电压源串联的电路；在电流源激励时，电流源的电流扩大 k 倍后，可等效成 k 个原电流源相并联的电路。最后，再应用叠加定理，其响应也相应增大 k 倍，反之，如果电压源、电流源缩小 k 倍，其响应也相应缩小 k 倍，因此，线性电路的齐次定理结论成立。

3.1.3 叠加定理与齐次定理的应用举例

例 3-1：电路如图 3-1a 所示，用叠加定理求电流 I 和电压 U。

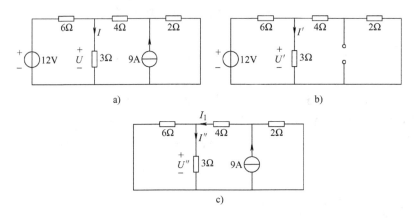

图 3-1 例 3-1 图

解：图 3-1b 为独立电压源单独作用时的电路，可得

$$U' = \frac{(4+2)//3}{[(4+2)//3]+6} \times 12\text{V} = 3\text{V}$$

$$I' = \frac{U'}{3\Omega} = 1\text{A}$$

图 3-1c 为独立电流源单独作用时的电路，可得

$$I_1 = \frac{2}{[(6//3)+4]+2} \times 9\text{A} = 2.25\text{A}$$

$$I'' = \frac{6}{6+3} \times 2.25\text{A} = 1.5\text{A}$$

$$U'' = I'' \times 3\Omega = 4.5\text{V}$$

由于 I、I' 和 I'' 的参考方向一致，U、U' 和 U'' 的参考方向一致，根据叠加定理可知：

$$I = I' + I'' = 2.5\text{A}$$

$$U = U' + U'' = 7.5\text{V}$$

在使用叠加定理分析计算电路时应注意以下几点：

1) 叠加定理只能用于计算线性电路（即电路中的元件均为线性元件）的支路电流或电压，不能直接进行功率的叠加计算。

2) 电压源不作用时应视为短路，电流源不作用时应视为开路。

3) 叠加时要注意电流或电压的参考方向，正确选取各分量的正负号。

线性电路当激励信号（如电源）同时增加或减少 k 倍时，电路的响应（即在电路其他各电阻上所产生的电流和电压值）也将增加或减少 k 倍，如例 3-2 所示。

例 3-2：电路如图 3-2a 所示，已知 $E_1 = 17\text{V}$，$E_2 = 17\text{V}$，$R_1 = 2\Omega$，$R_2 = 1\Omega$，$R_3 = 5\Omega$，试应用叠加定理求各支路电流 I_1、I_2、I_3。当 $E_1 = 51\text{V}$ 时，I_1、I_2、I_3 为多少？

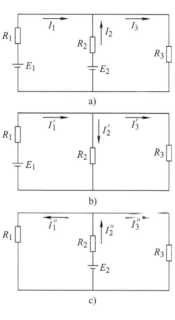

图 3-2　例 3-2 图

解：（1）当电源 E_1 单独作用时，将 E_2 视为零值，如图 3-2b 所示，则
$$R_{23} = R_2 /\!/ R_3 = 0.83\Omega$$
则
$$I_1' = \frac{E_1}{R_1 + R_{23}} = \frac{17}{2.83}\text{A} = 6\text{A}$$

$$I_2' = \frac{R_3}{R_2 + R_3} I_1' = 5\text{A}$$

$$I_3' = \frac{R_2}{R_2 + R_3} I_1' = 1\text{A}$$

（2）当电源 E_2 单独作用时，将 E_1 视为零值，如图 3-2c 所示，则
$$R_{13} = R_1 /\!/ R_3 = 1.43\Omega$$
则
$$I_2'' = \frac{E_2}{R_2 + R_{13}} = \frac{17}{2.43}\text{A} = 7\text{A}$$

$$I_1'' = \frac{R_3}{R_1 + R_3} I_2'' = 5\text{A}$$

$$I_3'' = \frac{R_1}{R_1 + R_3} I_2'' = 2\text{A}$$

(3) 当电源 E_1、E_2 共同作用（叠加），各电流分量与原电路电流参考方向相同时，在电流分量前面选取"＋"号，反之，则选取"－"号。

$$I_1 = I_1' - I_1'' = 1\text{A}, \quad I_2 = -I_2' + I_2'' = 2\text{A}, \quad I_3 = I_3' + I_3'' = 3\text{A}$$

当 $E_1 = 51\text{V}$ 时，电压增加的倍数为 $k = 51/17 = 3$，故

$$I_1 = 3I_1' - I_1'' = 13\text{A}, \quad I_2 = -3I_2' + I_2'' = -8\text{A}, \quad I_3 = 3I_3' + I_3'' = 5\text{A}$$

3.2 戴维南定理

单口网络的等效化简方法中，含独立源的线性单口网络可以通过电源的等效变换进行计算，本节的戴维南定理及下节的诺顿定理提供了求线性含源单口网络等效电路的一般方法，不仅可以用于求线性含源单口网络的等效电路，还可以用于求某一支路上的电流、电压及功率。

3.2.1 二端网络的有关概念

二端网络：在一个电路网络中，如果只有两个引出端钮与外电路相连，如图 3-3 所示，则称为二端网络。在二端网络中，电流从一个端钮流入，从另一个端钮流出，这样一对端钮形成了网络的一个端口，因此，二端网络也称为一端口网络。二端网络一般分为两类，即无源二端网络和有源二端网络。

有源二端网络：电路网络内部含有独立电源的二端网络，如图 3-3a 所示，图中只是示例，有源二端网络可以含有无穷多个电压源、电流源、电阻。

无源二端网络：电路网络内部不含独立电源的二端网络，如图 3-3b 所示，图中只是示例，无源二端网络可以含有无穷多个电阻。

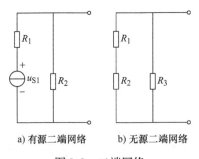

a) 有源二端网络　　　b) 无源二端网络

图 3-3　二端网络

3.2.2 戴维南定理的基本内容

任何一个线性有源二端电阻网络，对外电路来说，总可以用一个电压源 E_0 与一个电阻 r_0 相串联的模型来替代。电压源的电动势 E_0 等于该二端网络的开路电压（U_{oc}），电阻 r_0 等于该二端网络中所有电源零值时（即电压源短路、电流源开路）的等效电阻（也可称为入端电阻 R_i），如图 3-4 所示。该定理又称为等效电压源定理。

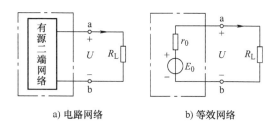

a) 电路网络　　　　　　b) 等效网络

图 3-4　戴维南等效电路图

3.2.3 戴维南定理的应用举例

例 3-3：电路如图 3-5a 所示，已知 $E_1=7\mathrm{V}$，$E_2=6.2\mathrm{V}$，$R_1=R_2=0.2\Omega$，$R=3.2\Omega$，试应用戴维南定理求电阻 R 中的电流 I 及功率 P。

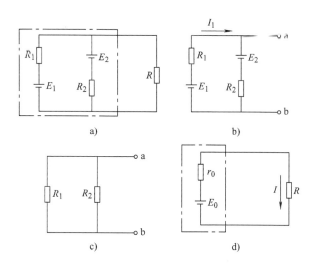

图 3-5　例 3-3 图

解：（1）将 R 所在支路开路去掉，如图 3-5b 所示，求开路电压 U_{ab}：

$$I_1 = \frac{E_1 - E_2}{R_1 + R_2} = \frac{0.8}{0.4}\mathrm{A} = 2\mathrm{A}$$

$$U_{ab} = E_2 + R_2 I_1 = 6.2\mathrm{V} + 0.4\mathrm{V} = 6.6\mathrm{V} = E_0$$

（2）将电压源短路去掉，如图 3-5c 所示，求等效电阻 R_{ab}：

$$R_{ab} = R_1 \,/\!/\, R_2 = 0.1\Omega = r_0$$

（3）画出戴维南等效电路，如图 3-5d 所示，求电阻 R 中的电流 I、P：

$$I = \frac{E_0}{r_0 + R} = \frac{6.6}{3.3}\mathrm{A} = 2\mathrm{A}$$

$$P = I^2 \times R = 4 \times 3.2\mathrm{W} = 12.8\mathrm{W}$$

例 3-4：电路如图 3-6a 所示，已知 $E=8\text{V}$，$R_1=3\Omega$，$R_2=5\Omega$，$R_3=R_4=4\Omega$，$R_5=0.125\Omega$，试应用戴维南定理求电阻 R_5 中的电流 I。

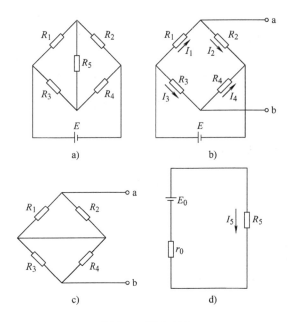

图 3-6 例 3-4 图

解：(1) 将 R_5 所在支路开路去掉，如图 3-6b 所示，求开路电压 U_{ab}。因为

$$I_1 = I_2 = \frac{E}{R_1+R_2} = 1\text{A}$$

$$I_3 = I_4 = \frac{E}{R_3+R_4} = 1\text{A}$$

则

$$U_{ab} = R_2 I_2 - R_4 I_4 = 5\text{V} - 4\text{V} = 1\text{V} = E_0$$

(2) 将电压源短路，如图 3-6c 所示，则等效电阻 R_{ab} 为

$$R_{ab} = (R_1 /\!/ R_2) + (R_3 /\!/ R_4) = 1.875\Omega + 2\Omega = 3.875\Omega = r_0$$

(3) 根据戴维南定理画出等效电路，如图 3-6d 所示，则电阻 R_5 中的电流为

$$I_5 = \frac{E_0}{r_0+R_5} = \frac{1}{4}\text{A} = 0.25\text{A}$$

3.3 诺顿定理

3.3.1 诺顿定理的基本内容

戴维南定理是有源二端网络的等效电压源定理，诺顿定理是有源二端网络的等效电流源定理。诺顿定理指任何线性有源二端网络，总可以用一个电流源与电阻的并联组合来等效。

等效电流源的电流等于原有源二端网络在端口处的短路电流 I_{SC}，等效并联电阻等于有源二端网络所有电源均为零值时，从开路端口看进去所得网络的等效电阻 R_0。

具体计算步骤如下：

1）将待求电流或电压的支路从电路中分离出来作为负载，剩余部分是一个有源二端网络，可将其等效为一个电流源，如图 3-7 所示。

2）将待求支路短路，求有源二端网络的短路电流 I_{SC}，作为等效电流源中的恒流电源。

3）将有源二端网络中的恒压源短路、恒流源开路，计算无源二端网络等效电阻，作为电流源的内阻 R_0。

4）将有源二端网络等效电流源与负载 R_L 连接成整体，用全电路欧姆定律求电流或电压。

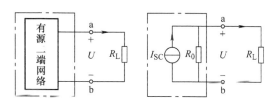

图 3-7 诺顿定理等效

3.3.2 诺顿定理的应用举例

例 3-5：用诺顿定理求图 3-8a 所示电路的电流 I。

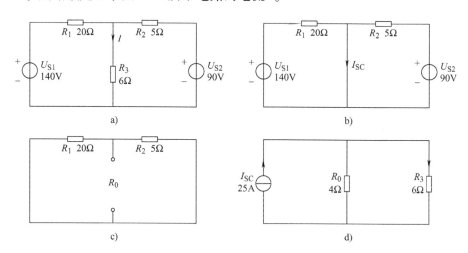

图 3-8 例 3-5 图

解：（1）将待求支路短路，如图 3-8b 所示，短路电流 I_{SC} 为

$$I_{SC} = \frac{U_{S1}}{R_1} + \frac{U_{S2}}{R_2} = \frac{140}{20}A + \frac{90}{5}A = 25A$$

（2）将图 3-8a 所示电路中的恒压源短路，得无源二端网络，如图 3-8c 所示，可求得等

效电阻 R_0 为

$$R_0 = \frac{R_1 R_2}{R_1 + R_2} = \frac{20 \times 5}{20 + 5}\Omega = 4\Omega$$

（3）根据 I_{SC} 和 R_0 画出诺顿等效电路，并接上待求支路，得其等效电路，如图 3-8d 所示，由图可求得 I 为

$$I = \frac{R_0}{R_0 + R_3} I_{SC} = \frac{4}{4+6} \times 25\text{A} = 10\text{A}$$

3.4 最大功率传输定理

在分析电路系统的功率传输时，需要考虑两个方面的问题：一是功率传输的效率，若效率低，则大部分功率都损耗在传输和分配过程中，造成电能浪费；二是负载所能获得的最大功率，由于测量、通信系统大部分是小功率传输，有用功率受限，因此需将尽可能多的功率传输到负载上。本节讨论纯电阻电路系统的最大功率传输，最大功率传输定理模型如图 3-9a 所示。

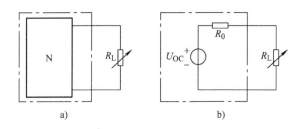

图 3-9 最大功率传输定理模型与等效图

在图 3-9a 中，电阻 R_L 表示获得能量的负载，网络 N 表示供给负载能量的含源线性单口网络，用戴维南等效电路表示，如图 3-9b 所示，负载 R_L 吸收的功率为

$$P = R_L I^2 = \frac{R_L U_{OC}^2}{(R_0 + R_L)^2}$$

要使功率 P 取得极大值，则根据极值条件，应有

$$\frac{\mathrm{d}^2 P}{\mathrm{d} R_L^2} = \frac{(R_0 - R_L) U_{OC}^2}{(R_0 + R_L)^3} = 0$$

因此，取得极大值的条件为

$$R_L = R_0$$

由此可见，当 $R_0 > 0$ 且 $R_L = R_0$ 时，负载电阻 R_L 从单口网络可获得最大功率。

最大功率传输定理：含源线性电阻单口网络（$R_0 > 0$）向可变电阻负载 R_L 传输最大功率的条件是负载电阻 R_L 与单口网络的输出电阻 R_0 相等，此时负载电阻 R_L 获得的最大功率为

$$P_{\max} = \frac{U_{OC}^2}{4 R_0}$$

若用诺顿等效电路，则可表示为

$$P_{\max} = \frac{R_0 I_{SC}^2}{4}$$

负载获得的最大功率也称为最大功率匹配,此时对电压源 U_{OC} 而言,功率传输效率最大为 50%。

例 3-6:电路如图 3-10a 所示,试求:(1)负载 R_L 为何值时获得最大功率;(2)R_L 获得的最大功率;(3)10V 电压源的功率。

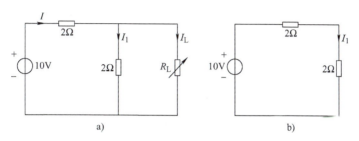

图 3-10 例 3-6 图

解:(1)断开 R_L 支路,得二端网络的戴维南等效电路如图 3-10b 所示,其参数为

$$U_{OC} = \frac{2}{2+2} \times 10\text{V} = 5\text{V}$$

$$R_0 = \frac{2 \times 2}{2+2}\Omega = 1\Omega$$

(2)当 $R_L = R_0 = 1\Omega$ 时,可获得最大功率,R_L 获得的最大功率为

$$P_{\max} = \frac{U_{OC}^2}{4R_0} = \frac{25}{4 \times 1}\text{W} = 6.25\text{W}$$

(3)10V 电压源发出的功率,当 $R_L = 1\Omega$ 时,有

$$i_L = \frac{U_{OC}}{R_0 + R_L} = \frac{5}{2}\text{A} = 2.5\text{A}$$

$$U_L = R_L I_L = 2.5\text{V}$$

$$I = I_1 + I_L = \frac{2.5}{2}\text{A} + 2.5\text{A} = 3.75\text{A}$$

$$P = 10 \times 3.75\text{W} = 37.5\text{W}$$

即 10V 电压源发出 37.5W 功率,电阻 R_L 吸收功率为 6.25W。

3.5 工学结合实训四:验证叠加定理

3.5.1 实训目的

1. 掌握叠加定理,理解叠加定理的适用范围。
2. 理解电压、电流的实际方向与参考方向的关系。
3. 验证叠加定理的正确性。

3.5.2 实训原理

叠加定理,就是当电路中有几个独立电源共同作用时,产生在各支路上的电压或电流,等于各个独立电源分别单独作用时在该支路产生的电压或电流的叠加。

使用叠加定理时应注意:

1) 叠加定理只适用于线性电路。

2) 叠加定理只适用于电路电压、电流的叠加,不适用于功率的叠加。

3) 求某一电源单独作用下的支路电流,不论用电压源还是用电流源表示时,都保留其内阻;而对理想电压源,由于内阻等于零,相当于将理想电压源短接;理想电流源由于内阻无穷大,即相当于将理想电流源所在的支路开路。

4) 将每个电源独立作用下产生的电流或电压进行叠加时,注意各分量的实际方向与所选定的参考方向是否一致,一致为正,不一致为负。

3.5.3 实训设备与材料

电工电路综合测试台 1 台,数字万用表 1 台,直流稳压电源 1 台,电阻箱 1 台,电阻若干。

3.5.4 实训步骤

1. 叠加定理测试电路如图 3-11 所示,$R_1 = 500\Omega$,$R_2 = 300\Omega$,$R_3 = 200\Omega$。
2. U_{S1} 调到 18V,U_{S2} 调到 10V,以备随时调用。
3. 当 U_{S1} 单独作用时,按图 3-11a 接线,记录测量数据于表 3-1 中 A 行。
4. 当 U_{S2} 单独作用时,按图 3-11b 接线,记录测量数据于表 3-1 中 B 行。
5. 当 U_{S1}、U_{S2} 共同作用时,按图 3-11c 接线,记录测量数据于表 3-1 中 C 行。

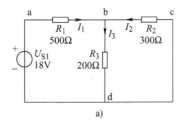 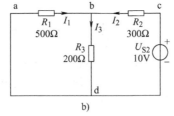 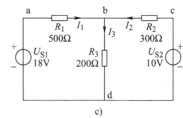

图 3-11 叠加定理测试电路

表 3-1 叠加定理的测试

	U_{S1}/V	U_{S2}/V	U_{ab}/V	U_{bc}/V	U_{bd}/V	I_1/mA	I_2/mA	I_3/mA
A 行	18	0						
B 行	0	10						
C 行	18	10						

3.5.5 思考题

1. 根据 A、B、C 三行数据，验证叠加定理。
2. 如何理解电压源为零？测试中怎样将电压源置零？

3.6 工学结合实训五：验证戴维南定理

3.6.1 实训目的

1. 通过测定有源二端网络等效参数验证戴维南定理。
2. 掌握测定有源二端网络等效参数的一般方法。

3.6.2 实训原理

任何一个有源二端网络，对外电路来说，可以用一个电压源和一个电阻代替，U_{OC} 和 R_i 分别称为有源二端网络的开路电压和入端电阻，如图 3-12 所示。

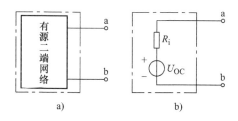

图 3-12 二端网络等效电路

用实验的方法测定有源二端网络的参数，主要有以下几种方法。

1. 开路电压 U_{OC} 的测量方法

1）直接测量法：当有源二端网络的入端等效电阻 R_i 较小，与电压表的内阻相比较可以忽略不计时，可以用电压表直接测量该网络的开路电压 U_{OC}。

2）补偿法：当有源二端网络的入端等效电阻 R_i 较大时，采取直接测量法的误差较大。补偿法是为了解决电压测量误差而采用的一种方法。由于电压表存在内阻，特别是在入端等效电阻较大时，表的内阻的接入将改变被测电路的工作状态，而给测量结果带来一定的误差。测量方法如图 3-13 所示，图中点画线方框内为补偿电路，U_S 为直流电源，R_P 为分压器，G 为检流计。将补偿电路的两端与被测电路相连接，调节分压器的输出电压，使检流计的指示为零，此时电压表显示的电压值就是被测网络的开路电压 U_{OC}。由于此时被测网络相当于开路，不输出电流，网络内部无电压降。

2. 入端电阻 R_i 的测量方法

1）外加电源法：将有源二端网络内部除去电源（电压源用导线代替、电流源用开路代

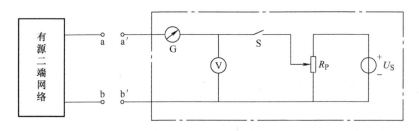

图 3-13 补偿法测量开路电压

替),然后在网络两端加上一个合适的电压源 U_S,如图 3-14 所示,测出流入网络的电流 I,此时入端等效电阻为 $R_i = U_S/I$。这种方法仅适用于电压源的内阻很小和电流源的内阻很大的情况。如果无源二端网络仅由电阻元件组成,也可以用万用表的电阻档直接测量 R_i,如图 3-15 所示。

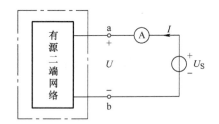 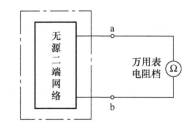

图 3-14 外加电源法测入端电阻　　图 3-15 万用表电阻档测入端电阻

2)开路短路法:在测量出有源二端网络的开路电压 U_{OC} 之后,再测量网络的短路电流 I,如图 3-16 所示,则可计算出 $R_i = U_{OC}/I$。

3)半偏法:在测量出有源二端网络的开路电压 U_{OC} 后,连接电路如图 3-17 所示,调节电阻箱的电阻值,当电阻箱两端电压为开路电压一半时,电阻箱的读数即为有源二端网络的入端电阻 R_i。半偏法在实际测量中被广泛采用。

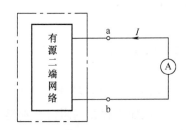 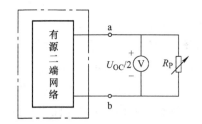

图 3-16 开路短路法测量网络短路电流　　图 3-17 半偏法测入端电阻

3.6.3 实训设备与材料

电工电路综合测试台 1 台,数字万用表 1 台,直流稳压电源 1 台,电阻箱 1 台,电阻若干。

3.6.4 实训步骤

1. 测量开路电压 U_{OC} 和入端电阻 R_i

按图 3-18 所示电路接线,参照实训原理,测量有源二端网络的开路电压 U_{OC} 和入端电阻 R_i,将测得的结果记录在表 3-2 中。

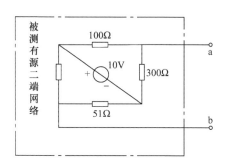

图 3-18 有源二端网络测试电路

表 3-2 开路电压 U_{OC} 和入端电阻 R_i 的测量数据

开路电压 U_{OC}		入端电阻 R_i	
直接测量法		外加电源法	
补偿法		开路短路法	
取值		半偏法	
		取值	

2. 测定有源二端网络的外特性

在图 3-18 所示网络的两端接电阻箱作为负载电阻 R_L,分别取不同的值,测量相应的端电压 U 和电流 I,并记录在表 3-3 中。

表 3-3 有源二端网络外特性的测量数据

R_L/Ω	0	50	100	200	500	∞
U						
I						

3. 测量戴维南等效电路的外特性

根据步骤 1 所测得的有源二端网络的开路电压 U_{OC} 和入端电阻 R_i,按图 3-19 所示电路接线,U_{OC} 使用直流稳压电源,R_i 直接使用电阻,然后在线路两端接上一个电阻箱作为负载电阻 R_L,按照表 3-3 中电阻的取值测得对应的端电压和电流,并记录在表 3-4 中。

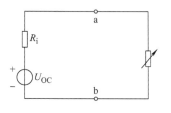

图 3-19 戴维南定理测试电路

表 3-4 戴维南等效电路外特性的测量数据

R_L/Ω	0	50	100	200	500	∞
U						
I						

3.6.5 思考题

1. 为什么用补偿法测开路电压 U_{OC} 可以提高测量准确性？

2. 试用戴维南定理计算图 3-18 所示电路的开路电压 U_{OC} 和入端电阻 R_i，将计算结果与实验数据比较，得出什么结论？

3. 画出表 3-3 和表 3-4 被测电路外特性的曲线图。

3.7 课后习题

3-1 电路如图 3-20 所示，用叠加定理求电路电流 I_2。

3-2 电路如图 3-21 所示，已知 $I_{S1}=3A$，$I_{S2}=6A$，$R_0=R_1=2\Omega$，用叠加定理求各支路电流。

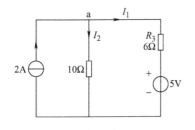

图 3-20 题 3-1 图

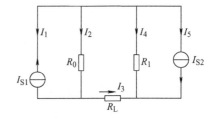

图 3-21 题 3-2 图

3-3 电路如图 3-22 所示，已知 $U_S=20V$，$I_S=3A$，$R_1=20\Omega$，$R_2=10\Omega$，$R_3=3\Omega$，$R_4=10\Omega$，用叠加定理求电阻 R_4 上的电压 U。

3-4 电路如图 3-23 所示，欲使 $I=0$，试用叠加定理确定电流源 I_S 的值。

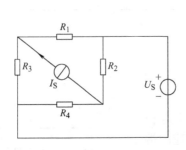

图 3-22 题 3-3 图

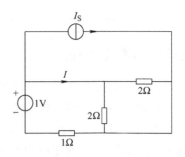

图 3-23 题 3-4 图

3-5 电路如图 3-24 所示，已知 $U=3\text{V}$，利用戴维南定理求 U_1。

3-6 电路如图 3-25 所示，利用戴维南定理求电路中的电流 I。

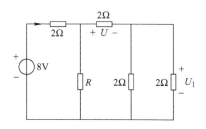

图 3-24 题 3-5 图

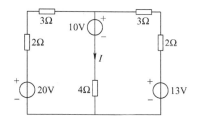

图 3-25 题 3-6 图

3-7 电路如图 3-26 所示，二端网络中，测得其开路电压为 100V，短路电流为 10mA。求：(1) 该网络的戴维南等效电路；(2) 若外接负载电阻 $R_L=40\text{k}\Omega$，则负载电流为多少？

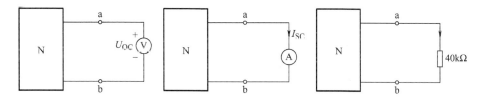

图 3-26 题 3-7 图

3-8 电路如图 3-27 所示，求电路的诺顿等效电路。

3-9 电路如图 3-28 所示，用诺顿定理求电路中的电压 U。

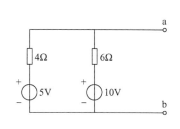

图 3-27 题 3-8 图

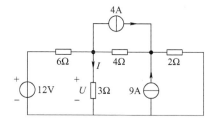

图 3-28 题 3-9 图

3-10 电路如图 3-29 所示，利用诺顿定理求电路中的电流和电压。

3-11 电路如图 3-30 所示，求负载 R_L 获得最大功率的条件以及所能获得的最大功率。

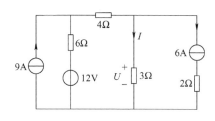

图 3-29 题 3-10 图

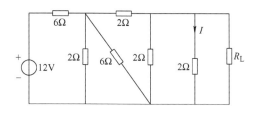

图 3-30 题 3-11 图

3-12 电路如图 3-31 所示，当负载电阻 R_L 为何值时能获得最大功率？功率最大值是多少？

3-13 电路如图 3-32 所示，当电阻 R 为何值时能获得最大功率？功率最大值是多少？

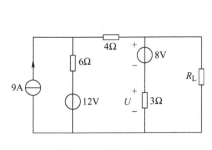

图 3-31 题 3-12 图

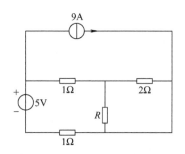

图 3-32 题 3-13 图

3-14 电路如图 3-33 所示，求电路的戴维南等效电路，要求算出开路电压和戴维南等效电阻的阻值。

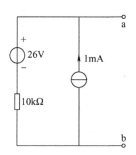

图 3-33 题 3-14 图

第4章 动态电路的分析

> **知识要点** >>
>
> 了解动态电路的基本概念；
> 理解换路定律，并能计算电路初始值；
> 定性分析一阶电路，定量分析简单的一阶电路。

前面各章重点介绍了电子电路的基本元件与基本定律。本章重点介绍由储能元件 L 和 C 构成的电路，当电路中存在换路的情况下，电路中的某些参数往往不能立即进入稳定状态，而是要经历一个中间的变化过程，简称过渡过程或暂态过程，这种含有储能元件的电路称为动态电路。仅含有一个储能元件，或经化简后只含有一个储能元件的电路叫一阶电路，含有两个储能元件的电路简称二阶电路，其余依次类推，本章重点介绍一阶电路。

4.1 动态电路的基本概念

4.1.1 电路的稳态与暂态

稳态：顾名思义就是指电路稳定的状态。

暂态：就是指电路在某个瞬间的状态，又称瞬态。

任务事物从一种稳定状态过渡到另一种稳定状态的变化过程，简称过渡过程。

任意电路中，**含有动态元件（电容或电感）的电路通常称为暂态电路或动态电路**。如图 4-1 所示，当暂态电路的状态发生改变（换路，开关从断开到接通）时，需要经历一个变化过程才能达到新的稳定状态，这个变化过程称为电路的过渡过程。这个过渡过程的产生主要有两个原因：①电路中含有储能元件（电容）；②开关从断开到接通（换路）。

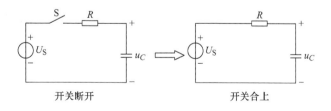

图 4-1 暂态电路换路

4.1.2 稳态与暂态电路过渡过程分析

（1）纯电阻电路

图 4-2 所示为纯电阻电路，也称为稳态电路。如图 4-2a 所示，开关断开时，电路中的电流 $i = U_S/(R_1 + R_2)$，当 $t = 0$ 时，开关闭合，电流 $i = U_S/R_2$，如图 4-2b 所示，电路换路没有过渡过程。

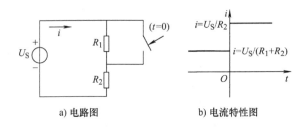

图 4-2　纯电阻电路图和电流特性图

（2）电容电路

如图 4-3a 所示，当 $t < 0$ 时，开关处于 1 位置，电路处于稳定状态，电容两端电压 u_c 等于 0，当 $t = 0$ 时，开关动作合向 2 位置，电容充电，经过时间 t_1，电容两端电压无限接近 U_S，电路达到新的稳定状态，如图 4-3b 所示，从 $t = 0$ 到 $t = t_1$ 的时间，电容两端电压缓慢升高，这个过程称为过渡过程。

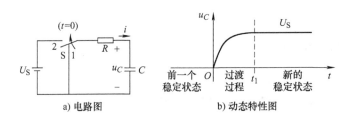

图 4-3　电容电路图及动态特性图

（3）电感电路

如图 4-4a 所示，当 $t < 0$ 时，开关处于 1 位置，流过电感的电流 i 等于 0，当 $t = 0$ 时，开关动作合向 2 位置，电感开始储存能量，经过时间 t_1，电感储存的能量（磁能）达到最大，流过电感的电流按指数规律随时间增长而趋于稳定值 U_S/R，如图 4-4b 所示，从 $t = 0$

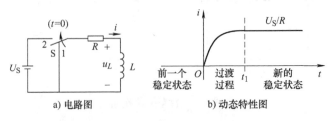

图 4-4　电感电路图及动态特性图

到 $t=t_1$ 的时间，电感储存的能量缓慢增大，流过电感的电流逐渐增大，这个过程是渐进的过程，称为过渡过程。

4.2 换路定律与初始值的计算

4.2.1 换路定律

电路的过渡过程是由于电路的接通、断开、短路，或由于电路中电源、电阻等参数突然改变等原因引起的，电路状态的这些改变统称为换路。然而，并不是所有的电路在换路时都产生过渡过程，换路只是产生过渡过程的外在原因，其内因是电路中具有储能元件。

换路瞬间，若电容电流保持为有限值，则电容电压在换路前后保持不变；换路瞬间，若电感电压保持为有限值，则电感电流在换路前后保持不变，这一规律称为换路定律。换路定律也可以简单表述为换路前后电容 C 两端电压不发生跃变，流过电感 L 的电流不发生跃变。

假设电路在 $t=0$ 时换路，将换路前稳态终了的瞬间定义为 $t=0_-$，换路后暂态起始瞬间定义为 $t=0_+$，则换路定律可表述为

$$u_C(0_+) = u_C(0_-)$$
$$i_L(0_+) = i_L(0_-)$$
(4-1)

4.2.2 电路初始值的计算

一般来说，求初始值按照以下的步骤进行：
1) 由换路前电路（一般为稳定状态）求 $u_C(0_-)$ 和 $i_L(0_-)$。
2) 由换路定律得 $u_C(0_+)$ 和 $i_L(0_+)$。
3) 画 $t=0_+$ 时的等效电路，即换路后的电路。
4) 由 $t=0_+$ 时的等效电路求所需各变量在 $t=0_+$ 时的值。

例 4-1：电路如图 4-5 所示，$t=0$ 时开关打开，求 $i_C(0_+)$。

解：（1）画出 $t=0_-$ 时的等效电路，如图 4-6 所示，由 $t=0_-$ 时的等效电路求 $u_C(0_-)$，即

$$u_C(0_-) = 8 \times \frac{5}{3+5} \text{V} = 5\text{V}$$

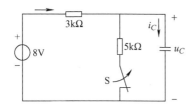

图 4-5 例 4-1 图

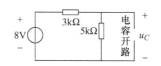

图 4-6 $t=0_-$ 时的等效电路

(2) 由换路定律得
$$u_C(0_+) = u_C(0_-) = 5\text{V}$$
(3) 画出 $t=0_+$ 时的等效电路，如图 4-7 所示，由 $t=0_+$ 时的电路求 $i_C(0_+)$，即
$$i_C(0_+) = \frac{8-5}{3}\text{mA} = 1\text{mA}$$
显然
$$i_C(0_-) = 0$$
$$i_C(0_-) \neq i_C(0_+)$$

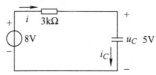

图 4-7 $t=0_+$ 时的等效电路

例 4-2：电路如图 4-8 所示，$t=0$ 时开关闭合，求 $u_L(0_+)$。

解：(1) 画出 $t=0_-$ 时的等效电路，如图 4-9 所示，由 $t=0_-$ 时的电路求 $i_L(0_-)$，即
$$i_L(0_-) = \frac{5}{2+3}\text{A} = 1\text{A}$$

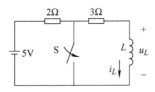 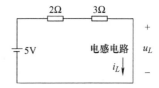

图 4-8 例 4-2 图　　　　　　　　图 4-9 $t=0_-$ 时的等效电路

(2) 由换路定律得
$$i_L(0_+) = i_L(0_-) = 1\text{A}$$
(3) 画出 $t=0_+$ 时的等效电路，如图 4-10 所示，由 $t=0_+$ 时的电路求 $u_L(0_+)$，即
$$u_L(0_+) = -1 \times 3\text{V} = -3\text{V}$$
显然
$$u_L(0_-) = 0$$
$$u_L(0_-) \neq u_L(0_+)$$

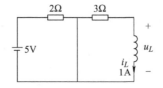

图 4-10 $t=0_+$ 时的等效电路

4.3 一阶 RC 电路的响应

4.3.1 一阶 RC 电路的零输入响应

如图 4-11 所示，$t=0$ 时，开关 S 由 2 指向 1，电容 C 经电阻 R 放电，在 $t>0$ 的有限时间内，电容两端有电压 u_C，有电流 i_C 流过电容和电阻，这种电路有电流，但无电源激励，即输入信号为零，仅由储能元件（电容或电感）的初始储能所产生的电路的响应，称为零输入响应。

如图 4-11 所示，$t<0$ 时，即换路前电路已处稳态，$u_C(0_-)=U$，分析 $t>0$ 时的电容电压变化规律，根据基尔霍夫定律和欧姆定律，列方程如下：

$$u_C + u_R = 0$$
$$u_R = i_C R$$
$$i_C = C\frac{\mathrm{d}u_C}{\mathrm{d}t}$$

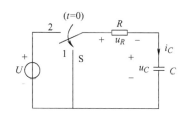

图 4-11 一阶 RC 电路的零输入响应

即

$$RC\frac{\mathrm{d}u_C}{\mathrm{d}t} + u_C = 0 \tag{4-2}$$

解此方程得

$$u_C = A\mathrm{e}^{-\frac{t}{RC}} \tag{4-3}$$

将初始条件 $u_C(0_+) = u_C(0_-) = U$ 代入，得

$$u_C = U\mathrm{e}^{-\frac{t}{RC}} = u_C(0_+)\mathrm{e}^{-\frac{t}{\tau}} \quad (t \geq 0) \tag{4-4}$$

式中，$\tau = RC$，τ 称为时间常数，单位为秒（s）。

放电电流：

$$i_C = C\frac{\mathrm{d}u_C}{\mathrm{d}t} = -\frac{U}{R}\mathrm{e}^{-\frac{t}{RC}} \tag{4-5}$$

电阻电压：

$$u_R = i_C R = -U\mathrm{e}^{-\frac{t}{RC}} \tag{4-6}$$

当 $t=\tau$ 时，$u_C = U\mathrm{e}^{-1} = 36.8\% U$，即经过一个时间常数 τ，电压 u_C 衰减到初始值的 36.8%。

时间常数 τ 决定了电路暂态过程变化的快慢，体现了电路的固有性质。时间常数越小，过渡过程持续的时间越短，因此电路中选择不同的 R、C 参数可以控制放电的快慢。当 C 值一定时，减小放电电阻 R 可以缩短放电时间，但会增大放电电流的初始值。

如图 4-12 所示，τ 越大，曲线变化越慢，u_C 达到稳态所需要的时间越长。

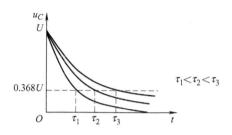

图 4-12 不同时间常数的一阶 RC 电路的零输入响应曲线

4.3.2 一阶 RC 电路的零状态响应

如图 4-13 所示，$t<0$ 时，电容未充电，$t=0$ 时，开关 S 接通，电容充电，即电容储能元件的初始能量为零，$t>0$ 时，电路响应仅由电源激励所产生的电路的响应叫零状态响应。

如图 4-13 所示，$t<0$ 时，电容未充电，因此 $u_C(0_-)=0$，分析 $t>0$ 时的电容电压变化规律，根据基尔霍夫定律和欧姆定律，列方程如下：

$$u_C + u_R = U$$

$$u_R = RC\frac{du_C}{dt}$$

即

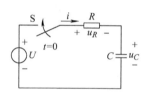

图 4-13 一阶 RC 电路的零状态响应

$$RC\frac{du_C}{dt} + u_C = U \tag{4-7}$$

解式(4-7)的方程得电容电压变化规律为

$$u_C = U - Ue^{-\frac{t}{RC}} \quad (t \geq 0) \tag{4-8}$$

电流变化规律为

$$i_C = C\frac{du_C}{dt} = \frac{U}{R}e^{-\frac{t}{RC}} \quad (t \geq 0) \tag{4-9}$$

将时间常数 $\tau = RC$ 代入，得

$$u_C = U - Ue^{-\frac{t}{RC}} = U - Ue^{-\frac{t}{\tau}} \quad (t \geq 0)$$
$$i_C = \frac{U}{R}e^{-\frac{t}{RC}} = \frac{U}{R}e^{-\frac{t}{\tau}} \quad (t \geq 0) \tag{4-10}$$

i_C、u_C 的变化曲线如图 4-14 所示，当 $t=\tau$ 时，$u_C = U(1-e^{-1}) = 63.2\%U$，即经过一个时间常数 τ，电压 u_C 上升到稳态值 U 的 63.2%。τ 决定电路暂态过程变化的快慢，τ 越大，曲线变化越慢，u_C 达到稳态时间越长。

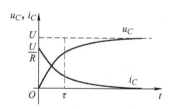

图 4-14 一阶 RC 电路的零状态响应曲线

4.3.3 一阶 RC 电路的全响应

由前面的讨论可知,零输入响应是指输入为零,仅仅由动态元件初始储能引起的响应;而零状态响应则是指动态元件的初始储能为零,电路的响应仅仅由外施激励源引起的响应。而在实际电路中,动态电路的响应往往既有动态元件的初始储能,又有外施激励源,如图 4-15 所示,既有电源激励,并且储能元件的初始能量均不为零,电路中的响应称为电路的全响应。即 $u_C(0_-) = U_0$,$t=0$ 时,开关 S 接通,根据叠加定理:全响应 = 零输入响应 + 零状态响应,根据前面的推导,由式(4-4) 和式(4-10) 可知:

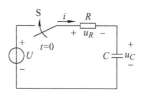

图 4-15 一阶 RC 电路的全响应

$$u_C = U_0 e^{-\frac{t}{RC}} + U(1 - e^{-\frac{t}{RC}}) = U + (U_0 - U) e^{-\frac{t}{RC}} \quad (4-11)$$

式中,$U_0 e^{-\frac{t}{RC}}$ 为零输入响应;$U(1 - e^{-\frac{t}{RC}})$ 为零状态响应;U 称为电路的稳态分量;$(U_0 - U) e^{-\frac{t}{RC}}$ 称为电路的暂态分量。

4.4 一阶 RL 电路的响应

4.4.1 一阶 RL 电路的零输入响应

一阶 RL 电路如图 4-16a 所示,$t = 0_-$ 时开关 S 闭合,电路已达稳态,电感 L 相当于短路,流过电感 L 的电流为 I_0,即 $i_L(0_-) = I_0$,故电感储存了磁能。在 $t = 0$ 时开关 S 打开,所以在 $t \geq 0$ 时,电感 L 储存的磁能将通过电阻 R 放电,在电路中产生电流和电压,如图 4-16b 所示。由于 $t > 0$ 后,放电回路中的电流及电压均是由电感 L 的初始储能产生的,这种电路中仅有一个电感,外加激励为零,仅由电感初始储能所产生的响应,称为一阶 RL 电路零输入响应。

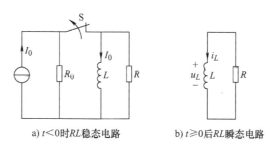

a) $t<0$ 时 RL 稳态电路　　b) $t \geq 0$ 后 RL 瞬态电路

图 4-16 一阶 RL 电路

同理,根据电感电压与电流的关系,即 $u = \dfrac{d\psi}{dt} = \dfrac{d(Li)}{dt} = L\dfrac{di}{dt}$,以及基尔霍夫电压定律,可推得

$$u_R = Ri_L = RI_0 e^{-\frac{t}{\tau}} \qquad (t \geq 0) \qquad (4\text{-}12)$$

$$u_L = -u_R = -RI_0 e^{-\frac{t}{\tau}} \qquad (t \geq 0) \qquad (4\text{-}13)$$

式中，$\tau = \dfrac{L}{R}$ 具有时间的单位秒（s），称为 *RL* 电路的时间常数。i_L、u_R 和 u_L 的波形如图 4-17 所示。

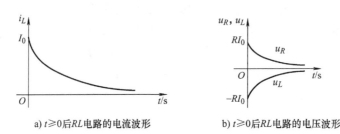

a) $t \geq 0$ 后 *RL* 电路的电流波形   b) $t \geq 0$ 后 *RL* 电路的电压波形

图 4-17 一阶 *RL* 电路的零输入响应

例 4-3：在图 4-18a 所示电路中，$U_S = 5\text{V}$，$R = 20\Omega$，$L = 1\text{H}$，电压表的电阻 $R_V = 20\text{k}\Omega$。换路前电路已处于稳定状态，在 $t = 0$ 时开关 S 断开。求：

（1）开关 S 断开后的电感电流 i_L；

（2）开关 S 断开后电压表所承受的最大电压值。

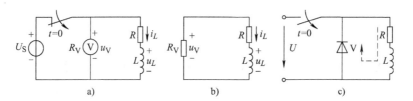

图 4-18 例 4-3 图

解：（1）因为电路换路前已处于稳定状态，电感可视为短路，所以

$$i_L(0_-) = \frac{U_S}{R} = \frac{5}{20}\text{A} = 0.25\text{A}$$

根据换路定理，有

$$i_L(0_+) = i_L(0_-) = 0.25\text{A}$$

开关 S 断开后，电压源 U_S 被开路，电感 L 从初始电流 0.25A 开始向 R 和 R_V 串联电阻释放能量，最终 i_L 下降到零，如图 4-18b 所示。可见，换路后，电路中的响应仅由电感的初始状态引起，故为零输入响应。

因为 R 和 R_V 串联，所以

$$R_1 = R + R_V = 20\Omega + 20 \times 10^3 \Omega \approx 20\text{k}\Omega$$

时间常数为

$$\tau = \frac{L}{R_1} \approx \frac{1}{20 \times 10^3}\text{s} = 0.5 \times 10^{-4}\text{s}$$

得到换路后的电感电流为

$$i_L = i(0_+)\mathrm{e}^{-\frac{t}{\tau}} = 0.25\mathrm{e}^{-\frac{t}{0.5\times10^{-4}}}\mathrm{A} = 0.25\mathrm{e}^{-2\times10^4 t}\mathrm{A}$$

(2) 电压表所承受的电压为

$$u_V = -R_V i_L = -20\times10^3\times0.25\mathrm{e}^{-2\times10^4 t}\mathrm{V} = -5\mathrm{e}^{-2\times10^4 t}\mathrm{kV}$$

当 $t=0$ 时,电压表所承受的电压最大,为

$$U_{V\max} = -5\mathrm{kV}$$

该值远远超过电压表的最大量程,会损坏电压表。由此可见,当断开带有大电感的电路时,应该事先把与其并联的电压表取下。

工程上,为防止 RL 电路由于某种原因引起电源脱落而造成不应有的设备损坏或人员伤亡,往往在线圈两端并联一个泄放电阻或反接一个二极管。图 4-18c 所示为一种最常见的泄放电路,反接的二极管称为"续流"二极管。

4.4.2 一阶 RL 电路的零状态响应

对于图 4-19 所示的一阶 RL 电路,U_S 为直流电压源,$t<0$ 时,电感 L 中的电流为零。$t=0$ 时开关 S 闭合,电路与激励 U_S 接通,在 S 闭合瞬间,电感电流不会跃变,即有

$$i_L(0_+) = i_L(0_-) = 0$$

当 $t\geq 0$ 时,根据基尔霍夫电压定律,可以推出

$$U_S = u_R + u_L \tag{4-14}$$

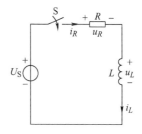

图 4-19 一阶 RL 电路的零状态响应电路图

再根据电感特性:

$$u_L = \frac{\mathrm{d}\psi}{\mathrm{d}t} = \frac{\mathrm{d}(Li_L)}{\mathrm{d}t} = L\frac{\mathrm{d}i_L}{\mathrm{d}t} \tag{4-15}$$

以及欧姆定律:

$$u_R = i_L R \tag{4-16}$$

联立式(4-14)、式(4-15)、式(4-16) 可解得

$$i_L = \frac{U_S}{R}(1-\mathrm{e}^{-\frac{t}{\tau}}) = i_L(\infty)(1-\mathrm{e}^{-\frac{t}{\tau}}) \quad (t\geq 0)$$

$$u_L = L\frac{\mathrm{d}i_L}{\mathrm{d}t} = U_S\mathrm{e}^{-\frac{t}{\tau}} \quad (t\geq 0)$$

$$i_R = i_L = \frac{U_S}{R}(1-\mathrm{e}^{-\frac{t}{\tau}}) \quad (t\geq 0)$$

$$u_R = Ri_R = U_S(1-\mathrm{e}^{-\frac{t}{\tau}}) \quad (t\geq 0)$$

式中,时间常数 $\tau = \frac{L}{R}$。u_L、u_R、i_L、i_R 的波形如图 4-20 所示。

例 4-4:电路如图 4-19 所示,已知 $U_S = 10\mathrm{V}$,$R = 1000\Omega$,$L = 10\mathrm{H}$。求:(1) 时间常数;(2) u_L 和 i_L 的表达式;(3) 经过 10ms 后 u_L 和 i_L 的数值。

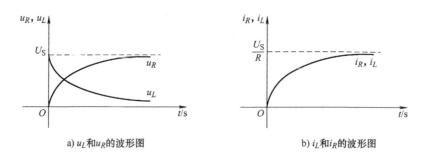

a) u_L和u_R的波形图 b) i_L和i_R的波形图

图 4-20 一阶 RL 电路零状态响应波形图

解：(1) $$\tau = \frac{L}{R} = \frac{10}{1000}\text{s} = 10^{-2}\text{s} = 10\text{ms}$$

(2) $$u_L = L\frac{di_L}{dt} = U_S e^{-\frac{t}{\tau}} = 10e^{-100t}\text{V}$$

$$i_L = \frac{U_S}{R}(1 - e^{-\frac{t}{\tau}}) = \frac{10}{1000}(1 - e^{-100t})\text{A} = 10(1 - e^{-100t})\text{mA}$$

(3) 当 $t = 10\text{ms}$，即 $t = \tau$ 时，有

$$u_L = U_S e^{-\frac{t}{\tau}} = 10e^{-1}\text{V} = 10 \times 36.8\%\text{V} = 3.68\text{V}$$

$$i_L = \frac{U_S}{R}(1 - e^{-\frac{t}{\tau}}) = \frac{10}{1000}(1 - e^{-1})\text{A} = 0.01 \times 63.2\%\text{A} = 6.32\text{mA}$$

4.4.3 一阶 RL 电路的全响应

对于 RL 电路，有电源激励，并且储能元件 L 的初始能量不为零，电路中的响应称为电路的全响应。即 $I_L(0_-) = I_0$，$t = 0$ 时，电路换路，根据叠加定理：全响应 = 零输入响应 + 零状态响应，则

$$i_L = I_0 e^{-\frac{t}{\tau}} + \frac{U}{R}(1 - e^{-\frac{t}{\tau}}) = \frac{U}{R} + \left(I_0 - \frac{U}{R}\right)e^{-\frac{t}{\tau}} \qquad (t \geq 0) \qquad (4-17)$$

式中，$I_0 e^{-\frac{t}{\tau}}$ 为零输入响应；$\frac{U}{R}(1 - e^{-\frac{t}{\tau}})$ 为零状态响应；$\frac{U}{R}$ 称为电路的稳态分量；$\left(I_0 - \frac{U}{R}\right)e^{-\frac{t}{\tau}}$ 称为电路的暂态分量。

全响应可由下式表示，即

$$f(t) = f(\infty) + [f(0_+) - f(\infty)]e^{-\frac{t}{\tau}} \qquad (t \geq 0) \qquad (4-18)$$

式中，$f(t)$ 表示电路的响应；$f(\infty)$ 表示响应的稳定值；$f(0_+)$ 表示该电压或电流的初始值；τ 表示电路的时间常数，即

全响应 = 稳态分量 + 暂态分量

同理，也可将全响应表示为

$$f(t) = f(0_+)e^{-\frac{t}{\tau}} + f(\infty)(1-e^{-\frac{t}{\tau}}) \qquad (t \geqslant 0) \tag{4-19}$$

式中，$f(0_+)e^{-\frac{t}{\tau}}$ 为零输入响应；$f(\infty)(1-e^{-\frac{t}{\tau}})$ 为零状态响应，即

全响应 = 零输入响应 + 零状态响应

4.5 工学结合实训六：一阶电路的响应

4.5.1 实训目的

1. 掌握信号发生器和双踪示波器的使用方法。
2. 掌握 RC 一阶电路的零输入响应、零状态响应和全响应的规律和特点。
3. 了解电路参数对时间常数的影响，掌握一阶电路时间常数的测量方法。

4.5.2 实训设备与材料

装有 MULTISIM 等电路仿真软件的计算机，信号发生器，双踪示波器，可调电容（0.01~0.1μF）1 个，10kΩ、30kΩ、100kΩ 电阻各 1 个。

4.5.3 仿真调试要求

使用 MULTISIM、PROTEUS 等电路仿真软件建立电路，如图 4-21 所示（注：图中的符号为软件自带符号，并非国标符号），图中电阻 R 为 10kΩ，电容 C 为 0.01μF，用双踪示波器（见图 4-21 中的 XSC1）观察电路激励（方波）信号和响应信号，其中，V1 为方波输出信号，设定方波信号的频率为 1kHz，幅度为峰峰值 $V_{P-P} = 2V$，固定信号源的频率和幅值不变。

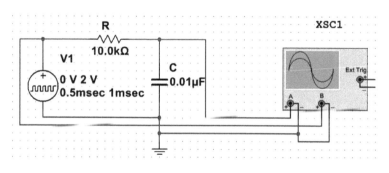

图 4-21 一阶 RC 仿真电路

1. 观察测试 RC 一阶电路的充、放电过程

1）测量时间常数 τ。选择电阻 $R = 10$kΩ、电容 $C = 0.01$μF，用双踪示波器（见图 4-16 中的 XSC1）观察激励 V1 与响应 u_C 的变化规律，测量并记录时间常数 τ。

2）观察时间常数 τ 对暂态过程的影响。观察并画出电阻 $R = 10$kΩ、电容 $C = 0.01$μF 时

响应的波形，增大电容 C（取 $0.01\sim0.1\mu F$）或增大 R（取 $R=10k\Omega$、$30k\Omega$、$100k\Omega$），定性地观察响应 u_C 的变化。

2. 观察微分电路和积分电路

1）观察积分电路。选择电阻 $R=100k\Omega$、电容 $C=0.01\mu F$，用示波器观察激励 V1 与响应 u_C 的变化规律。

2）观察微分电路。将仿真电路中的 R、C 元件位置互换，电阻 $R=100k\Omega$，电容 $C=0.01\mu F$，用示波器观察激励 V1 与响应 u_R 的变化规律。

4.5.4 实物电路测试要求

参照图 4-21 建立实物电路（将图中的 V1 使用信号发生器接入，双踪示波器 XSC1 使用实物仪器代替），用双踪示波器观察电路激励（方波）信号和响应信号，其中，V1 为方波输出信号。接通信号发生器电源，将信号源选择为方波信号，并设定输出信号的频率为 1kHz，设定输出信号的幅度为 $V_{P-P}=2V$，固定信号源的频率和幅值不变。

1. 观察测试 RC 一阶电路的充、放电过程

1）测量时间常数 τ。选择电阻 $R=10k\Omega$、电容 $C=0.01\mu F$，用示波器观察激励 u_S 与响应 u_C 的变化规律，测量并记录时间常数 τ。

2）观察时间常数 τ 对暂态过程的影响。观察并画出电阻 $R=10k\Omega$、电容 $C=0.01\mu F$ 时响应的波形，增大电容 C（取 $0.01\sim0.1\mu F$）或增大 R（取 $R=10k\Omega$、$30k\Omega$、$100k\Omega$），观察对响应产生的影响。

2. 观察微分电路和积分电路

1）观察积分电路。选择电阻 $R=100k\Omega$、电容 $C=0.01\mu F$，用示波器观察激励 u_S 与响应 u_C 的变化规律。

2）观察微分电路。将实验电路中的 R、C 元件位置互换，用示波器观察激励 u_S 与响应 u_R 的变化规律。

3. 分析

比较 MULTISIM 仿真结果与实物电路测试的区别，并分析两者之间产生区别的原因。

4.5.5 思考题

1. 用示波器观察 RC 一阶电路的零输入响应和零状态响应时，为什么激励必须是方波信号？

2. 在 RC 一阶电路中，当 R、C 变化时，对电路的响应有何影响？

3. 何为积分电路和微分电路？它们必须具备什么条件？它们在方波激励下，其输出信号波形有什么变化规律？这两种电路有何功能？

4. 尝试使用微积分方程推导图 4-21 中的输出电压与输入电压之间的关系。

5. 请自行设计一个二阶电路,将 MULTISIM 仿真和实物电路测试结果进行对比,找出仿真与实物电路测试结果之间的区别,并分析两者之间产生区别的原因。

4.6 课后习题

4-1 已知开关动作前图 4-22 所示的电路已经稳定,求开关动作后电路中各电压、电流的初始值与新的稳态值。

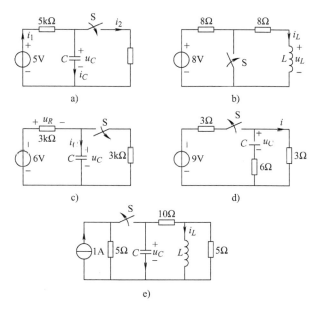

图 4-22 题 4-1 图

4-2 电路如图 4-23 所示,求电路的时间常数 τ。

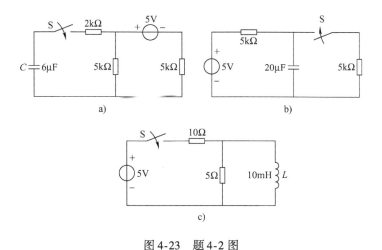

图 4-23 题 4-2 图

4-3 在图 4-24 所示电路中，已知 $u_C(0_-)=5\text{V}$。求开关 S 合上后的时间常数以及电压、电流的变化规律，并画出电压、电流随时间变化的曲线。

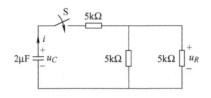

图 4-24 题 4-3 图

4-4 电路如图 4-25 所示，$R=20\text{k}\Omega$，$C=5\mu\text{F}$，$U_S=5\text{V}$。在 $t=0$ 时闭合开关 S，且 $u_C(0_-)=0\text{V}$。试求：（1）电路的时间参数 τ；（2）$t \geq 0$ 时的 u_C，u_R，i，并画出它们随时间变化的曲线。

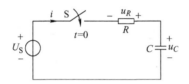

图 4-25 题 4-4 图

4-5 如图 4-26 所示电路中，其中 $U=10\text{V}$，$R=1\text{k}\Omega$，$C=1\mu\text{F}$，分别指明图 4-26a、b 所示电路的电容是处于零状态响应还是处于零输入响应。求出图 4-26a、b 所示电路的时间常数 τ，分别列出相应的 $u_C(t)$ 表达式。画出图 4-26a、b 所示电路电容电压波形图，在图中标出 $u_C(0_+)$、$u_C(\infty)$。

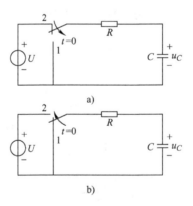

图 4-26 题 4-5 图

第5章 正弦交流电路

知识要点

理解正弦交流电路的基本概念；
理解电感、电容元件的正弦交流电路；
定性分析低通、高通、带通滤波器；
定量分析 RLC 串联、并联、混联电路。

正弦交流信号是电子电路的基础信号，一般来说，任何信号都可以分解为若干个正弦信号，或者说任何信号都由若干个正弦信号合成。因此，认识正弦信号是学习电子电路的基础，本章主要介绍正弦信号的基本概念，电感、电容元件的正弦交流电路，并学会分析低通、高通、带通滤波器电路。

5.1 正弦交流电路的基本概念

随时间按正弦规律变化的电压或电流，称为正弦交流电。对于正弦交流电的数学描述，可采用正弦函数，也可以用余弦函数。本书对正弦交流电采用正弦函数来描述，正弦电流的瞬时值表达式为

$$i = I_m \sin(\omega t + \psi_i) \tag{5-1}$$

正弦电流的波形如图 5-1a 所示（$\psi_i \geq 0$），横轴可用 ωt 表示，也可用 t 表示。

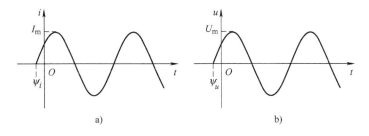

图 5-1 正弦电流、电压波形图

正弦电压的瞬时值表达式为

$$u = U_m \sin(\omega t + \psi_u) \tag{5-2}$$

正弦电压的波形如图 5-1b 所示（$\psi_u \geq 0$），横轴可用 ωt 表示，也可用 t 表示。
式(5-1)、式(5-2) 中，I_m、U_m 称为正弦量的最大值或幅值；ω 称为角频率；ψ_i、ψ_u

称为初相位。如果已知幅值、角频率和初相位,则上述正弦量就能被唯一确定,所以一般将正弦量的幅值、角频率、初相位称为正弦量的三要素。

1. 正弦交流电的幅值

正弦交流电的瞬时值是随时间不断变化的,瞬时值一般用小写字母来表示,如 i 表示电流的瞬时值,u 表示电压的瞬时值,瞬时值的大小和方向都随时间变化,为了表示每一瞬间的大小和方向,必须选定参考方向,因此可用代数量来表示,并可以根据其正值、负值确定正弦量的实际方向。

正弦交流电的幅值也称峰值或振幅值,即正弦交流电在整个变化过程中所能达到的最大值,用大写字母加下角标"m"表示,如 I_m、U_m。

反映正弦交流电大小的物理量也可用有效值来表示,正弦交流电的有效值是根据正弦交流电的热效应确定的,反映了正弦交流电的能量转换实际效果,其定义是:假设一个交流电 i 通过电阻 R 在一个周期 T 内所产生的热量,与直流电流 I 在相同时间内通过同一电阻所产生的热量相等,则这个直流电流 I 的数值称为该交流电流的有效值。用式子表示为

$$I^2RT = \int_0^T i^2 R \mathrm{d}t \tag{5-3}$$

式(5-3)中,等式右侧为交流电流 i 在一个周期 T 内所产生的热量,等式左侧为直流电流 I 在相同的一个周期 T 内所产生的热量,所以有效值表示为

$$I = \sqrt{\frac{1}{T}\int_0^T i^2 \mathrm{d}t} \tag{5-4}$$

由式(5-4)可知,有效值为交流瞬时值的二次方在一个周期内积分的平均值再开二次方所得的根,因此,有效值也可称为方均根值。同理,可推出电压的有效值,有效值通常用大写字母来表示,如 I、U 等。

将式(5-1)代入式(5-4)可得电流有效值与幅值的关系为

$$I = \frac{I_m}{\sqrt{2}} \tag{5-5}$$

同理,电压有效值与幅值的关系为

$$U = \frac{U_m}{\sqrt{2}} \tag{5-6}$$

根据式(5-5)和式(5-6),可将式(5-1)和式(5-2)表示的正弦交流电写为

$$\begin{aligned}u &= \sqrt{2}U\sin(\omega t + \psi_u) \\ i &= \sqrt{2}I\sin(\omega t + \psi_i)\end{aligned} \tag{5-7}$$

通常所说的电压高低、电流大小或用电器上的标称电压或电流指的就是有效值,如设备铭牌额定值、电网的电压等级等。但**绝缘水平、耐压值指的是最大值**。因此,在考虑电器设备的耐压水平时应按最大值考虑。测量中,交流测量仪表指示的电压、电流读数一般为有效值。

例 5-1:耐压为 300V 的电解电容,能否用在 220V 的正弦交流电源上?

解:$U = 220\mathrm{V}$,则 $U_m \approx 311\mathrm{V}$。因为 311V > 300V,所以不能用在 220V 正弦电源上。

2. 正弦交流电的角频率

正弦交流电是大小和方向都随时间不断变化的电信号，角频率（ω）用来反映交流电变化的快慢，定义为每秒转过的电角度；频率 f 定义为每秒转过的次数；周期 T 是指变化一次所需要的时间，它们之间的关系为

$$\omega = 2\pi f = \frac{2\pi}{T}$$

角频率（ω）的单位是弧度/秒（rad/s），频率（f）的单位是赫兹（Hz），周期（T）的单位是秒（s）。

3. 正弦交流电的初相位

初相位用来反映正弦量的计时起点，常用角度表示。例如，对于正弦信号 $i = I_m \sin(\omega t + \psi_i)$，相位为 $\omega t + \psi_i$，初相位为当 $t = 0$ 时的相位，即 ψ_i。

在分析和计算正弦电路时，电路中常引用"相位差"的概念描述两个同频率正弦量之间的相位关系，两个同频率正弦量的相位之差，称为相位差，用 φ 表示。

例如：设电流、电压分别为 $i = I_m \sin(\omega t + \psi_i)$，$u = U_m \sin(\omega t + \psi_u)$ 时，则电压与电流的相位差为

$$\varphi = (\omega t + \psi_u) - (\omega t + \psi_i) = \psi_u - \psi_i \tag{5-8}$$

一般来说，$|\varphi| \leq \pi(180°)$。

如图 5-2a 所示，如果 $\varphi > 0$，则 u 超前 i，或称 i 落后 u；如图 5-2b 所示，如果 $\varphi < 0$，则 i 超前 u，或称 u 落后 i。

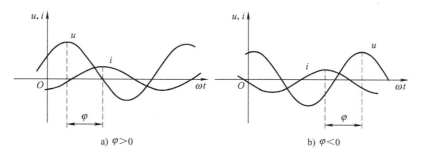

图 5-2 不同初相位的交流信号波形图

特殊的相位关系：当 $\varphi = 0$，表示两个信号同相；当 $\varphi = 90°$，表示两个信号正交；当 $\varphi = \pm 180°$，表示两个信号反相。

例 5-2：求正弦信号 $i(t) = 60\sin(314t + 60°)$ A 的幅值（I_m）、有效值（I）、角频率（ω）、频率（f）、周期（T）、初相位（ψ）。

解：

$$I_m = 60 \text{A}$$

$$I = \frac{60}{\sqrt{2}} \text{A} \approx 42.43 \text{A}$$

$$\omega = 314\text{rad/s}$$

$$f = \frac{\omega}{2\pi} = \frac{314}{2\times 3.14}\text{Hz} = 50\text{Hz}$$

$$T = \frac{1}{f} = \frac{1}{50}\text{s} = 0.02\text{s}$$

$$\psi = 60°$$

例 5-3：一个正弦信号的幅值为 5V，角频率为 628rad/s，初相位为 30°，求这个正弦电压信号的瞬时值表达式，以及这个正弦电压的有效值、频率。

解：根据 $u = U_m\sin(\omega t + \psi_u)$，可得该正弦电压信号的瞬时值表达式为

$$u = 5\sin(628t + 30°)\text{V}$$

该正弦电压信号的有效值、频率分别为

$$U = \frac{5}{\sqrt{2}}\text{V} \approx 3.54\text{V}$$

$$f = \frac{\omega}{2\pi} = \frac{628}{2\times 3.14}\text{Hz} = 100\text{Hz}$$

5.2 正弦交流电路的电压、电流及功率

5.2.1 单一参数的交流电路

常用电路元件的参数有电阻（R）、电感（L）、电容（C）等三种，任何一个实际电路元件都会有这三种参数的组合。单一参数元件是指忽略次要参数，取元件的主要参数的理想化元件。在分析与计算电路元件在交流电路中的电流、电压关系与功率问题之前，必须先掌握单一参数的交流特性。下面重点分析纯电阻、纯电感、纯电容元件的正弦交流电路。

1. 电阻元件的正弦交流电路

如图 5-3a 所示电路中，在线性电阻（R）两端加上正弦电压（u），电阻中就有正弦电流（i）流过。所加正弦电压 $u = \sqrt{2}U\sin(\omega t + \psi_u)$，电流、电压参考方向如图 5-3a 所示，则电阻中流过的电流为

$$i = \frac{u}{R} = \frac{\sqrt{2}U\sin(\omega t + \psi_u)}{R} = \sqrt{2}\frac{U}{R}\sin(\omega t + \psi_u) \tag{5-9}$$

而电流的标准形式为

$$i = \sqrt{2}I\sin(\omega t + \psi_i) \tag{5-10}$$

比较式(5-9)、式(5-10)，可得电压有效值与电流有效值之间的关系为

$$I = \frac{U}{R} \quad \text{或} \quad U = RI \tag{5-11}$$

由于电压、电流的有效值与最大值之间的关系都为 $\sqrt{2}$ 的关系，所以电压幅值与电流幅

值之间的关系为

$$I_m = \frac{U_m}{R} \quad \text{或} \quad U_m = RI_m \tag{5-12}$$

电压初相位与电流初相位之间的关系为

$$\psi_u = \psi_i \tag{5-13}$$

式(5-13)表明电压初相位与电流初相位相同，而式(5-9)、式(5-10)表明电阻两端电压与电流是同频率的。因此，电阻两端电压和电流是同频率、同相位的正弦量。功率与电压、电流的关系为

$$p = ui = \sqrt{2}U\sin(\omega t + \psi_u) \times \sqrt{2}I\sin(\omega t + \psi_i) = UI - UI\cos2(\omega t + \psi_u) \tag{5-14}$$

由式(5-14)可看出 $p \geq 0$，因此，电阻是一个耗能元件，只吸收功率。假设 $\psi_u = \psi_i = 0$，则电压、电流、功率与时间的波形图如图5-3b所示。

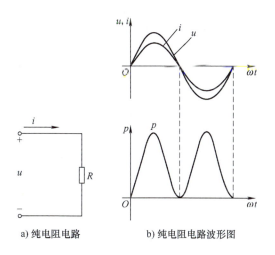

a) 纯电阻电路　　　b) 纯电阻电路波形图

图5-3　纯电阻电路及其波形图

由于瞬时功率是随时间变化的，用于表述电路的功率损耗情况不太方便，一般用平均功率表示电阻的耗能状况。平均功率是指一个周期内消耗功率的平均值，又称为有功功率，用大写字母 P 表示，即

$$P = \frac{1}{T}\int_0^T p\,dt = UI = I^2R = \frac{U^2}{R} \tag{5-15}$$

平均功率的单位为瓦（W），工程上常用千瓦（kW）表示。一般电器上所标的功率，如荧光灯的功率60W、空调的功率2000W等，都是指电器工作在额定电压时消耗的平均功率。

2. 电感元件的正弦交流电路

如图5-4a所示电路中，在一电感（L）中通入交流电流（i），且 $i = \sqrt{2}I\sin(\omega t + \psi_i)$，根据 $u = L\dfrac{di}{dt}$ 可得

$$u = L\frac{di}{dt} = \sqrt{2}I\omega L\cos(\omega t + \psi_i) = \sqrt{2}I\omega L\sin(\omega t + \psi_i + 90°) \tag{5-16}$$

而电压的标准形式为

$$u = \sqrt{2}U\sin(\omega t + \psi_u) \tag{5-17}$$

比较式(5-16)、式(5-17)，可得电压有效值与电流有效值之间的关系为

$$I = \frac{U}{\omega L} \quad \text{或} \quad U = I\omega L \tag{5-18}$$

根据有效值与幅值之间的关系，可得电压幅值与电流幅值之间的关系为

$$I_m = \frac{U_m}{\omega L} \quad \text{或} \quad U_m = \omega L I_m \tag{5-19}$$

式中，ωL 为电感的电抗，简称**感抗**，用 X_L 表示，即

$$X_L = \omega L = 2\pi f L \tag{5-20}$$

感抗的单位是欧姆（Ω），反映了电感元件在正弦交流电路中阻碍电流通过的能力。感抗与频率成正比，即当频率趋于无穷大时，感抗趋于无穷大，电感相当于开路，因此电感常用作高频扼流线圈。而在直流电路中，$f=0$，$X_L=0$，即电感相当于短路，这就是所谓的**电感通直流隔交流**。

比较式(5-16)、式(5-17)可得电压初相位与电流初相位之间的关系式，即

$$\psi_u = \psi_i + 90° \tag{5-21}$$

式(5-21)表明，电感两端的电压相位超前流过该电感的电流相位90°，假定 $\psi_i=0$，则电感元件的电压（u）、电流（i）的波形如图5-4b所示。

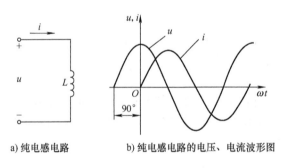

a) 纯电感电路　　　b) 纯电感电路的电压、电流波形图

图5-4　纯电感电路及其波形图

设流过电感电流的初相位为零，即设 $i = \sqrt{2}I\sin\omega t$，则电感元件两端的电压初相位为90°，电压的表达式为 $u = \sqrt{2}U\sin(\omega t + 90°)$。根据功率的定义可知，电感各瞬时消耗的功率由电感元件上的瞬时电压与瞬时电流决定，即瞬时功率为

$$p = ui = \sqrt{2}U\sin(\omega t + 90°) \times \sqrt{2}I\sin\omega t = 2UI\sin\omega t\cos\omega t = UI\sin2\omega t \tag{5-22}$$

因此，电感元件瞬时功率是幅值为 UI、角频率为 2ω 的交变正弦量，瞬时功率与瞬时电压、电流的波形图如图5-5所示，在半个周期内瞬时功率大于零，从电源吸收电能，另半个周期内瞬时功率小于零，释放电能。吸收电能的过程中，电感把电能转换为磁场能量，储存

在电感中；释放电能时，电感把储存在电感中的磁场能量释放出来，重新转换为电能并返回给电源。在以后的每个周期中都重复上述过程。

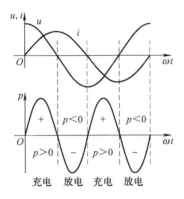

图 5-5　纯电感电路瞬时功率与电流、电压的波形图

与电阻一样，为表述方便，通常求电感在一个周期内消耗瞬时功率的平均值，即

$$P = \frac{1}{T}\int_0^T p dt = 0 \text{W} \tag{5-23}$$

式(5-23) 表示电感元件在一个周期内消耗的平均功率为零，即纯电感元件不消耗能量。

虽然电感元件在一个周期内消耗的平均功率为零，但由式(5-22) 可知，电源的瞬时功率是不断变化的，即电感不断地与电源交换电能。为了衡量电源与电感之间交换能量的规模，用电感元件瞬时功率的最大值，即电感元件与电源交换能量的最大速率来描述，该最大值定义为无功功率。由式(5-22) 可得电感消耗的无功功率为电压和电流有效值的乘积，用大写字母 Q_L 表示，即

$$Q_L = UI = I^2 X_L = \frac{U^2}{X_L} \tag{5-24}$$

国际单位制（SI）中，无功功率的单位为乏尔（var），常用单位还有千乏（kvar）等。

例 5-4：把一个 2H 的电感接到 $f=60\text{Hz}$、$U=220\text{V}$ 的正弦电源上，求感抗（X_L）与流过电感的电流（I），如保持 U 不变，而电源 $f=6000\text{Hz}$，这时感抗 X_L 与流过电感的电流（I）为多少？

解：（1）当 $f=60\text{Hz}$ 时：

$$X_L = 2\pi f L = 2 \times 3.14 \times 60 \times 2 \Omega = 753.6 \Omega$$

$$I = \frac{U}{X_L} = \frac{220}{753.6}\text{A} \approx 0.29\text{A}$$

（2）当 $f=6000\text{Hz}$ 时：

$$X_L = 2\pi f L = 2 \times 3.14 \times 6000 \times 2 \Omega = 75360 \Omega$$

$$I = \frac{U}{X_L} = \frac{220}{75360}\text{A} \approx 0.0029\text{A}$$

3. 电容元件的正弦交流电路

在电容两端加上 $u = \sqrt{2}U\sin(\omega t + \psi_u)$ 的正弦电压，其参考方向如图 5-6a 所示，根据式 $i = C\dfrac{du}{dt}$ 可得

$$i = C\frac{du}{dt} = C\sqrt{2}U\omega\cos(\omega t + \psi_u) = C\sqrt{2}U\omega\sin(\omega t + \psi_u + 90°) \tag{5-25}$$

而电流的标准形式为

$$i = \sqrt{2}I\sin(\omega t + \psi_i) \tag{5-26}$$

比较式(5-25)、式(5-26)，可得电压有效值与电流有效值之间的关系为

$$I = \omega CU \quad \text{或} \quad U = \frac{1}{\omega C}I \tag{5-27}$$

根据有效值与幅值之间的关系，可得电压幅值与电流幅值之间的关系为

$$I_m = \omega C U_m \quad \text{或} \quad U_m = \frac{1}{\omega C}I_m \tag{5-28}$$

式中，$\dfrac{1}{\omega C}$ 为电容的电抗，简称容抗，用 X_C 表示，即

$$X_C = \frac{1}{\omega C} = \frac{1}{2\pi f C} \tag{5-29}$$

容抗的单位是欧姆（Ω），反映了电容元件在正弦交流电路中阻碍电流通过的能力。容抗与频率成反比，即当频率趋于无穷大时，容抗趋于零，电容相当于短路。而在直流电路中，$f = 0$，$X_C \to \infty$，即电容相当于开路，这就是所谓的**电容通交流隔直流**。

比较式(5-25)、式(5-26) 可得电压初相位与电流初相位之间的关系式，即

$$\psi_i = \psi_u + 90° \tag{5-30}$$

式(5-30) 表明，流过该电容的电流相位超前电容两端的电压相位90°，假设 $\psi_u = 0$，则电容元件两端的电压（u）、流过电容的电流（i）的波形如图 5-6b 所示。

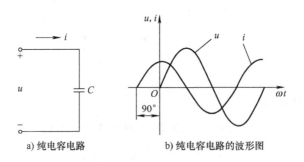

a) 纯电容电路　　　　b) 纯电容电路的波形图

图 5-6　纯电容电路及其波形图

设电容两端电压的初相位为零，即设 $u = \sqrt{2}U\sin\omega t$，则流过电容的电流初相位为90°，电流的表达式为 $i = \sqrt{2}I\sin(\omega t + 90°)$。根据功率的定义可知，电容各瞬时消耗的功率由电容元件上的瞬时电压与瞬时电流决定，即瞬时功率为

$$p = ui = \sqrt{2}U\sin\omega t \times \sqrt{2}I\sin(\omega t + 90°) = 2UI\sin\omega t\cos\omega t = UI\sin 2\omega t \tag{5-31}$$

因此，电容元件瞬时功率是幅值为 UI、角频率为 2ω 的交变正弦量，瞬时功率与瞬时电压、电流的波形图如图 5-7 所示。

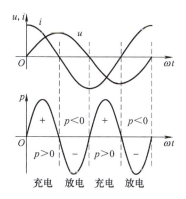

图 5-7 纯电容电路瞬时功率与电流、电压的波形图

由图 5-7 可见，电容消耗的瞬时功率与电感消耗的瞬时功率类似，即在半个周期内瞬时功率大于零，从电源吸收电能，而在另半个周期内瞬时功率小于零，释放电能。电容在吸收电能的过程中，把电能转换为电场能量，储存在电容中；在释放电能的过程中，把储存在电容里面的电场能量释放出来，重新转换为电能并返回给电源。在以后的每个周期中都重复上述过程。

同样，与电阻、电感一样，为表述方便，需求电容在一个周期内消耗瞬时功率的平均值，即

$$P = \frac{1}{T}\int_0^T p\,dt = 0\text{W} \tag{5-32}$$

式(5-32)表示电容元件在一个周期内消耗的平均功率为零，即纯电容元件不消耗能量。

与电感一样，虽然电容消耗的平均功率为零，但电容不停地与电源交换电能。电容与电源之间交换能量的规模用无功功率来表示，即

$$Q_C = UI = I^2 X_C = \frac{U^2}{X_C} \tag{5-33}$$

由于电感元件是电压超前电流，而电容是电流超期电压，所以在纯电感、纯电容元件中，流过相同相位的电流时，它们的瞬时功率在相位上是相反的，即当电感在储存磁场能量时，电容释放电场能量；反之，电感在释放磁场能量时，电容则储存能量。为了区别这一特性，有时也将电容元件的无功功率 Q_C 表示为

$$Q_C = -UI = -I^2 X_C = -\frac{U^2}{X_C} \tag{5-34}$$

式(5-34)中的负号仅表示容性。当电路中既有电感，又有电容时，它们的无功功率相互补偿。

例 5-5：把一个 1μF 的电容接到 $f=60\text{Hz}$、$U=220\text{V}$ 的正弦电源上，求容抗（X_C）与流过电容的电流（I），如保持 U 不变，而电源 $f=6000\text{Hz}$，这时容抗 X_C 与流过电容的电流 I 为多少？求不同频率下电容消耗的无功功率。

解：（1）当 $f=60\text{Hz}$ 时：

$$X_C = \frac{1}{2\pi fC} = \frac{1}{2\times 3.14\times 60\times 1\times 10^{-6}}\Omega \approx 2653.93\Omega$$

$$I = \frac{U}{X_C} = \frac{220}{2653.93}\text{A} \approx 0.0829\text{A}$$

$$P = UI = 220\times 0.0829\text{var} = 18.238\text{var}$$

（2）当 $f=6000\text{Hz}$ 时：

$$X_C = \frac{1}{2\pi fC} = \frac{1}{2\times 3.14\times 6000\times 1\times 10^{-3}}\Omega \approx 26.5393\Omega$$

$$I = \frac{U}{X_C} = \frac{220}{26.5393}\text{A} \approx 8.29\text{A}$$

$$P = UI = 220\times 8.29\text{var} = 1823.8\text{var}$$

5.2.2 混合参数的交流电路

在一个实际的电路中，不仅有电阻，还有电容，或是电感等。在一个交流电路中，由电阻、电容、电感等元件组成的电路称为混合参数的交流电路。本节以电阻、电感组成的电路为例介绍混合参数的交流电路。

1. 电压与电流的关系

由电阻、电感相串联构成的混合参数电路如图 5-8 所示，根据图中电压、电流的参考方向，在该串联电路中，利用基尔霍夫电压定律，可以得到瞬时值的关系为

$$u = u_R + u_L \tag{5-35}$$

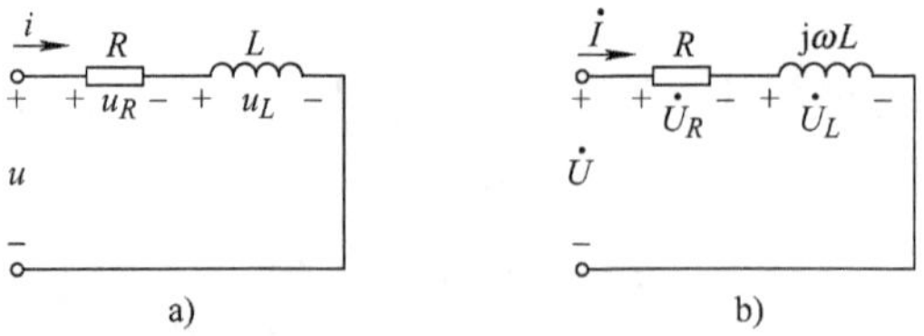

图 5-8 混合参数电路

相量关系为

$$\dot{U} = \dot{U}_R + \dot{U}_L = \dot{I}R + \dot{I}\cdot j\omega L = \dot{I}(R+j\omega L) = \dot{I}Z \tag{5-36}$$

式（5-36）称为 RL 串联电路相量形式的伏安关系。其中

$$Z = R + j\omega L = R + jX_L \tag{5-37}$$

Z 为电路的复阻抗，简称阻抗。它是一个复数，实部 R 是电路的电阻，虚部 $\omega L = X_L$ 是电路的电抗，且

$$|Z| = \sqrt{R^2 + X_L^2} \tag{5-38}$$

$$\varphi_Z = \arctan \frac{X_L}{R} \tag{5-39}$$

其中，$|Z|$ 为电路阻抗的大小，称阻抗的模；φ_Z 为电路阻抗的阻抗角。

由式(5-36) 可得

$$Z = \frac{\dot{U}}{\dot{I}} \tag{5-40}$$

把 $Z = |Z|\angle\varphi_Z$，$\dot{U} = U\angle\psi_U$，$\dot{I} = I\angle\psi_I$ 代入式(5-40)，得

$$Z = |Z|\angle\varphi_Z = \frac{U\angle\psi_U}{I\angle\psi_I} = \frac{U}{I}\angle\psi_U - \psi_I \tag{5-41}$$

由式(5-41) 可得

$$|Z| = \frac{U}{I} \tag{5-42}$$

$$\varphi_Z = \psi_U - \psi_I$$

即复阻抗的模等于阻抗两端电压有效值及流过该阻抗的电流有效值之比，复阻抗的阻抗角等于阻抗两端电压相位与流过该阻抗的电流相位之差。

例 5-6：荧光灯电路如图 5-9 所示，其整流器（用电感作为模型）$L = 1.88\text{H}$，灯管（用电阻作为模型）$R = 340\Omega$，工频电源的电压为 220V，频率为 50Hz。求：荧光灯电路电压与电流的相位差、灯管电流、灯管电压和整流器电压。

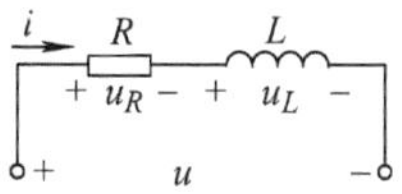

图 5-9 例 5-6 图

解：整流器的感抗为

$$X_L = \omega L = 2\pi f L = 2 \times 3.14 \times 50 \times 1.88\Omega = 590.32\Omega$$

电路的阻抗为

$$Z = R + jX_L = (340 + j590.32)\Omega \approx 681.2\angle 60° \ \Omega$$

所以荧光灯电路电压与电流的相位差为 60°，电压比电流超前 60°。
灯管电流、灯管电压和整流器电压分别为

$$I = \frac{U}{|Z|} = \frac{220}{681.2}\text{A} = 0.32\text{A}$$

$$U_R = RI = 340 \times \frac{220}{681.2}\text{V} = 109.81\text{V}$$

$$U_L = X_L I = 590.32 \times \frac{220}{681.2}\text{V} = 190.65\text{V}$$

2. 功率

(1) 瞬时功率

图 5-10 所示为 RL 电路的等效交流电路,若电路的阻抗角为 φ_Z,则负载的端电压 u 超前 i 的相位角为 φ_Z。假设电路的电流为

$$i = \sqrt{2}I\sin\omega t$$

则负载的端电压 u 可表示为

$$u = \sqrt{2}U\sin(\omega t + \varphi_Z)$$

负载取得的瞬时功率为

$$p = ui = \sqrt{2}U\sin(\omega t + \varphi_Z) \times \sqrt{2}I\sin\omega t = UI\cos\varphi_Z - UI\cos(2\omega t + \varphi_Z) \tag{5-43}$$

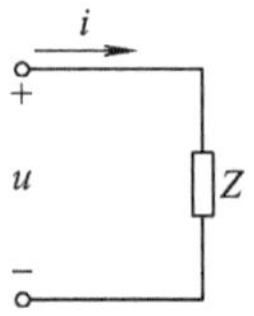

图 5-10 RL 电路的等效交流电路

(2) 有功功率

阻抗消耗的平均功率为

$$P = \frac{1}{T}\int_0^T p\,\mathrm{d}t = UI\cos\varphi_Z \tag{5-44}$$

式 (5-44) 表明,平均功率等于电路端电压有效值 U 和流过负载的电流有效值 I 的乘积,再乘以 $\cos\varphi_Z$,其中 $\cos\varphi_Z$ 称为电路的功率因数。由于 φ_Z 是电路阻抗的阻抗角,所以电路的功率因数由负载决定。平均功率是被电路消耗掉的功率,所以一般也称为有功功率。

(3) 无功功率

因为电路中有储能元件电感,所以电路与电源之间存在能量交换。阻抗与外部能量交换的最大速率(即瞬时功率可逆的最大值)定义为阻抗消耗的无功功率。由于

$$\begin{aligned}p = ui &= \sqrt{2}U\sin\omega t \times \sqrt{2}I\sin(\omega t + \varphi_Z) = UI\cos\varphi_Z - UI\cos(2\omega t + \varphi_Z)\\ &= UI\cos\varphi_Z(1 - \cos2\omega t) + UI\sin\varphi_Z\sin2\omega t\end{aligned} \tag{5-45}$$

而 $UI\cos\varphi_Z(1 - \cos2\omega t) \geq 0$,所以二端网络与外部交换的能量为 $UI\sin\varphi_Z\sin2\omega t$,能量交换的最大值即无功功率为

$$Q = UI\sin\varphi_Z \tag{5-46}$$

式中,φ_Z 为电压源和电流源的相位差,也是电路等效复阻抗的阻抗角。对于电感性电路,$\varphi_Z > 0$,则 $\sin\varphi_Z > 0$,无功功率 Q 为正值;对于电容性电路,$\varphi_Z < 0$,则 $\sin\varphi_Z < 0$,无功功率 Q 为负值。根据无功功率的定义,可逆分量的最大值都是正的,所以这里的正、负号仅表示相互补偿的意义。

如果在电路中既有电感又有电容元件时,无功功率相互补偿,它们在电路内部先相互交换部分能量,不足部分再与电源进行交换。

(4) 视在功率

交流电路中，元件两端电压与电流有效值的乘积称为视在功率，用大写字母 S 表示，即为了区别于有功功率和无功功率，国际单位制（SI）中，视在功率的单位为伏安（V·A），也常用千伏安（kV·A）表示。视在功率与有功功率、无功功率的关系为

$$P = UI\cos\varphi$$
$$Q = UI\sin\varphi$$
$$S = \sqrt{P^2 + Q^2} = UI \tag{5-47}$$

视在功率一般用于表示变压器、发电机等电源设备的容量，即表示电源设备可发出的最大功率，该功率一部分转化为有功功率，另一部分转换为无功功率，转化的有功功率的多少与负载的功率因数有关。对于负载而言，视在功率表示其占用电网的容量。

3. 功率因数的提高

由前面的内容可知，电网传送的功率分为有功功率和无功功率。对单一电器设备而言，有功功率把电能进行有效转换，无功功率一般是电气设备能够做功的必备条件。

功率因数一般是指电力网中负载所消耗的有功功率与其视在功率的比值，即 $\cos\varphi = \dfrac{P}{UI}$。

功率因数的大小会造成以下两个方面的影响。

（1）电源设备的容量不能被充分利用

根据有用功率 $P = S\cos\varphi = UI\cos\varphi$ 可知，负载的功率因数 $\cos\varphi$ 越低，供电变压器输出的有用功率 P 越小，设备的利用越不充分，经济损失越严重。

（2）增加输电线路上的功率损失

当发电机的输出电压为 U、输出的有用功率为 P 时，由式(5-44) 可得

$$I = \frac{P}{U\cos\varphi}$$

显然，负载的功率因数 $\cos\varphi$ 越低，输电线电流 I 越大，输电线上的功率损耗 $\nabla P = I^2 r$ 越多。其中，r 是电路及发电机绕组的内阻。因此，对相同功率的负载，功率因数越大，输电线上电流越小，损耗越小。反之，功率因素越小，输电线上的电流越大，损耗越大。

从以上两点可看出，功率因数的大小直接影响到能源是否被充分利用。一般来说，供电局提供的电能是以视在功率 kV·A 或者 MV·A 来计算的，但是收费是以 kW，也就是以所做的有用功来收费的，因此，两者之间存在一个无功功率的差值。所以，供电局规定用户在功率因数上要达标，一般要求功率因数为 0.80 或 0.85 以上，对降低标准的用户要增收电费。

提高功率因数的主要任务是减小电源与负载间的无功互换规模，而不改变原负载的工作状态。因此，一般采取在感性负载的两端并联容性元件去补偿其无功功率，并联电容后，原负载的电压和电流不变，吸收的有功功率和无功功率不变，即负载的工作状态不变，但电路的功率因数提高了；同理，在容性负载的两端并联感性元件去补偿其无功功率，负载的工作状态不变，但电路的功率因数提高了。

一般工矿企业中的电力负载主要是电动机、变压器等，均属于感性负载，其无功功率是

属于感性无功功率,其值大于零,所以,一般工矿企业采用并联容性元件,使电感中的磁场能量与电容的电场能量交换,从而能减少电源与负载间的能量互换。

5.2.3 RC 交流电路的频率特性

正弦交流电路中的感抗和容抗都与频率有关,当其频率发生变化时,电路中各处的电流和电压的幅值与相位也会发生变化,这就是所谓频率特性。其中,电流和电压幅值与频率的关系叫幅频特性;电流和电压相位与频率的关系称为相频特性。在电路中,利用容抗或感抗随频率而改变的特性,让需要的某一频带的信号通过,抑制不需要的其他频率的信号通过,可以达到改善电路性能的目的,这就是电子电路中常说的滤波电路,本节主要介绍 RC 电路的频率特性。

1. 高通滤波电路

图 5-11a 所示是高通滤波电路,假设 $\dot{U}_1$ 为频率可以改变的输入信号,则电阻 R 两端的电压为

$$\dot{U}_2 = \frac{R}{R - j\frac{1}{\omega C}}\dot{U}_1 = \frac{j\omega RC}{1 + j\omega RC}\dot{U}_1 \tag{5-48}$$

电压 $\dot{U}_2$ 与 $\dot{U}_1$ 之比为

$$\frac{\dot{U}_2}{\dot{U}_1} = \frac{j\omega RC}{1 + j\omega RC} = \frac{\omega RC}{\sqrt{1 + (\omega RC)^2}} \angle \arctan\frac{1}{\omega RC} = A(\omega)\angle\varphi(\omega)$$

式中

$$A(\omega) = \frac{\omega RC}{\sqrt{1 + (\omega RC)^2}} \tag{5-49}$$

$$\angle\varphi(\omega) = \angle\arctan\frac{1}{\omega RC} \tag{5-50}$$

式(5-49)称为输出与输入之间的幅频特性,式(5-50)称为输出与输入之间的相频特性,其特性曲线如图 5-11b 所示。由式(5-49)和式(5-50)可看出,当输入信号的频率趋向于零时,电容容抗为无穷大,输出电压为零,此时电路输出与输入的相位移趋向于 90°;随着频率的升高,电阻上分得的电压增大,电路的输出加大,电路的传输能力增强,当频率趋向于无穷大时,电容容抗为零,电源电压全部输出,此时电路输出与输入的相位移为零。

当电路角频率 $\omega = \frac{1}{RC}$ 时,$A(\omega) = \frac{1}{\sqrt{2}} \approx 0.707$,$\varphi(\omega) = \frac{\pi}{4}$,这时 $\dot{U}_2 = 0.707\dot{U}_1$。在实际应用中,一般规定输出信号电压幅值降到最大输出电压幅值的 $\frac{1}{\sqrt{2}}$ 时对应的频率称为截止频率,即视为信号能否通过电路所对应的频率分界点。在本电路中,截止频率为

$$f_L = \frac{1}{2\pi RC} \tag{5-51}$$

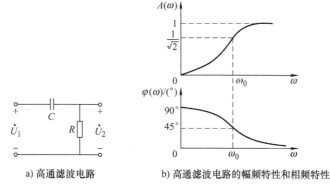

a) 高通滤波电路　　b) 高通滤波电路的幅频特性和相频特性

图 5-11　高通滤波电路及其特性曲线

低于频率 f_L 的信号，其输出电压都小于 $0.707\dot{U}_1$。因为该电路具有高频信号容易通过的特点，所以称该类型的电路为高通滤波电路。

2. 低通滤波电路

图 5-12a 所示为典型的低通滤波电路，与高通滤波电路的分析类似，可得

$$\frac{\dot{U}_2}{\dot{U}_1} = \frac{1/\mathrm{j}\omega C}{R + 1/\mathrm{j}\omega C} = \frac{1}{1 + \mathrm{j}\omega RC} = \frac{1}{\sqrt{1 + (\omega RC)^2}} \underline{/\arctan(-\omega RC)} = A(\omega)\underline{/\varphi(\omega)}$$

其中

$$A(\omega) = \frac{1}{\sqrt{1 + (\omega RC)^2}} \tag{5-52}$$

$$\underline{/\varphi(\omega)} = \underline{/\arctan(-\omega RC)} \tag{5-53}$$

式(5-52)称为输出与输入之间的幅频特性，式(5-53)称为输出与输入之间的相频特性，其特性曲线如图 5-12b 所示。由式(5-52)和式(5-53)可看出，当输入信号的频率趋向于零时，电源电压全部输出，此时电路输出与输入的相位移趋向于 0°；随着频率的升高，电容上分得的电压降低，电路的输出降低，电路的传输能力降低，当频率趋向于无穷大时，电源电压输出为零，此时电路输出与输入的相位移为 90°。

当电路角频率 $\omega = \frac{1}{RC}$ 时，$A(\omega) = \frac{1}{\sqrt{2}} \approx 0.707$，$\varphi(\omega) = \frac{\pi}{4}$，这时 $\dot{U}_2 = 0.707\dot{U}_1$。即截止频率为

$$f_H = \frac{1}{2\pi RC} \tag{5-54}$$

低于频率 f_H 的信号，其输出电压都大于 $0.707\dot{U}_1$。与高通滤波电路相反，该电路容易通过低频信号而抑制高频信号，因此称该类电路为低通滤波电路。

电路基础

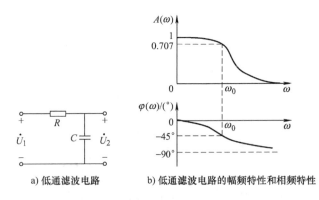

a) 低通滤波电路　　　　b) 低通滤波电路的幅频特性和相频特性

图 5-12　低通滤波电路及其特性曲线

3. 带通滤波电路

图 5-13a 所示为典型的带通滤波电路，与高、低通滤波电路的分析类似，可得

$$\frac{\dot{U}_2}{\dot{U}_1} = \frac{\dfrac{R}{1+\mathrm{j}\omega RC}}{\dfrac{1+\mathrm{j}\omega RC}{\mathrm{j}\omega C} + \dfrac{R}{1+\mathrm{j}\omega RC}} = \frac{1}{3+\mathrm{j}\left(\omega RC - \dfrac{1}{\omega RC}\right)}$$

$$= \frac{1}{\sqrt{3^2 + \left(\omega RC - \dfrac{1}{\omega RC}\right)^2}} \angle \arctan\frac{1-(\omega RC)^2}{3\omega RC} = A(\omega)\angle\varphi(\omega)$$

其中

$$A(\omega) = \frac{1}{\sqrt{3^2 + \left(\omega RC - \dfrac{1}{\omega RC}\right)^2}} \tag{5-55}$$

$$\varphi(\omega) = \arctan\frac{1-(\omega RC)^2}{3\omega RC} \tag{5-56}$$

该带通滤波器的频率特性曲线如图 5-13b 所示，由式(5-55)、式(5-56) 可知，当

$$f_0 = \frac{1}{2\pi RC} \tag{5-57}$$

时，$A(\omega) = \dfrac{1}{3}$ 为最大值，此时 $\varphi(\omega_0) = 0$，$\dot{U}_2$ 与 $\dot{U}_1$ 同相，f_0 称为带通滤波电路的中心频率。

按照截止频率的定义，有

$$A(\omega) = \frac{1}{\sqrt{3^2 + \left(\omega RC - \dfrac{1}{\omega RC}\right)^2}} = \frac{1}{3\times\sqrt{2}}$$

即
$$\frac{1}{\omega RC - \dfrac{1}{\omega RC}} = \pm 3$$

可得
$$\omega_1 = \frac{3+\sqrt{13}}{2}\frac{1}{RC} = 3.303\frac{1}{RC}$$

$$\omega_2 = \frac{3-\sqrt{13}}{2}\frac{1}{RC}(\text{角频率为负})$$

$$\omega_3 = \frac{-3+\sqrt{13}}{2}\frac{1}{RC} = 0.303\frac{1}{RC}$$

$$\omega_4 = \frac{-3-\sqrt{13}}{2}\frac{1}{RC}(\text{角频率为负})$$

将 $\omega = 2\pi f$ 代入，并将角频率为负值的略去，可得

$$f_1 = 0.303\frac{1}{2\pi RC} = 0.303 f_0$$

$$f_2 = 3.303\frac{1}{2\pi RC} = 3.303 f_0$$

即带通滤波电路对应的下限截止频率为 $f_L = f_1 = 0.303 f_0$，上限截止频率为 $f_H = f_2 = 3.303 f_0$，显然，带通滤波器的通频带带宽为

$$B = f_H - f_L \tag{5-58}$$

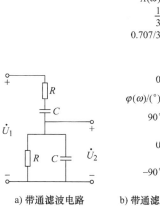

a) 带通滤波电路　　b) 带通滤波电路的幅频特性和相频特性

图 5-13　带通滤波电路及其特性曲线

在电子技术应用中，RC 串并联电路具有良好的选频特性，这类电路常用于振荡电路，此类串并联选频网络组成的电路可选出频率为 $f = f_0 = \dfrac{1}{2\pi RC}$ 的正弦信号。

5.3 RLC 串并联电路及其频率特性

5.3.1 RLC 串联电路及其频率特性

1. RLC 串联电路

图 5-14 所示为 RLC 串联电路，设电流 $i = I_m \sin\omega t$ 为参考正弦电流，由 KVL 可得

$$u = u_R + u_L + u_C \tag{5-59}$$

由于

$$\left.\begin{array}{l} u_R = Ri \\ u_L = jX_L i = j\omega L i \\ u_C = -jX_C i = \dfrac{1}{j\omega C} i \end{array}\right\} \tag{5-60}$$

将式(5-60)代入式(5-59)可得

$$u = Ri + jX_L i - jX_C i = i[R + j(X_L - X_C)] = iZ \tag{5-61}$$

式中，Z 为此电路的复数阻抗。式(5-61)表征的是相量形式的正弦交流电路中电路元件对电流的阻碍作用。阻抗的实部 R 为电路的电阻，虚部为电路中的感抗 X_L 与容抗 X_C 之差。

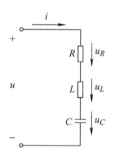

图 5-14 RLC 串联电路

将阻抗写成极坐标形式，则为

$$Z = R + j(X_L - X_C) = R + jX = |Z| \angle \varphi \tag{5-62}$$

式中，$|Z| = \sqrt{R^2 + X^2} = \sqrt{R^2 + (X_L - X_C)^2}$，为阻抗的模；$\varphi = \arctan\dfrac{X}{R} = \arctan\dfrac{X_L - X_C}{R}$ 为复阻抗的辐角。

式(5-61)可写为

$$u = iZ = i|Z| \angle \varphi \tag{5-63}$$

式(5-63)称为相量形式的欧姆定律。

由式(5-63)可得

$$Z = \frac{u}{i} = \frac{|u|\angle\psi_u}{|i|\angle\psi_i} = \frac{|u|}{|i|}\angle\psi_u - \psi_i = |Z|\angle\varphi \tag{5-64}$$

阻抗 Z 决定了电压、电流的大小和相位间的关系，而阻抗 Z 又取决于电路元件参数及频率，所以频率一定情况下，电路元件参数决定了正弦交流电路中电压与电流的大小和相位关系。主要有以下几种关系：

1) 当 $X_L > X_C$ 时，阻抗角 $\varphi > 0$，即电压超前电流 φ 角度，电路呈感性。
2) 当 $X_L < X_C$ 时，阻抗角 $\varphi < 0$，即电压滞后电流 φ 角度，电路呈容性。
3) 当 $X_L = X_C$ 时，阻抗角 $\varphi = 0$，即电压与电流同相，电路呈电阻性。

2. RLC 串联电路的频率特性

由式(5-61) 可得

$$i = \frac{u}{Z} = \frac{u}{R + j(X_L - X_C)} = \frac{u}{R + j\left(\omega L - \dfrac{1}{\omega C}\right)} \tag{5-65}$$

因此，由式(5-65) 可看出，当 $\omega L = \dfrac{1}{\omega C}$ 时，有

$$\omega_0 = \frac{1}{\sqrt{LC}} \tag{5-66}$$

$|i|$ 取得最大值，并且可画出电流幅值随频率变化的特性，如图 5-15 所示，图中 $f_0 = \dfrac{\omega_0}{2\pi}$。

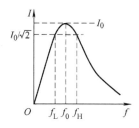

图 5-15　RLC 串联电路的频率特性

在图 5-15 中，f_L 称为下限截止频率，而 f_H 称为上限截止频率。一般把 f_0 称为 RLC 串联谐振电路的谐振频率，即在谐振频率点，在一定电压 u 的作用下，电路中的电流达到最大电流，电路阻抗等于电路中的电阻 R，电路呈纯电阻性。

例 5-7：图 5-14 所示的电路中，已知 $R = 0.5\Omega$，$L = 6\text{mH}$，$C = 10\mu\text{F}$，电源电压为 20mV。改变电源频率，使电路产生串联谐振，试求电路此时的频率 f_0。

解：

$$f_0 = \frac{\omega_0}{2\pi} = \frac{1}{2\pi\sqrt{LC}} = \frac{1}{2 \times 3.14 \times \sqrt{6 \times 10^{-3} \times 10 \times 10^{-6}}}\text{Hz} = 650.1\text{Hz}$$

例 5-8：某收音机的输入回路，可等效为 RLC 串联电路，其中电感 $L = 0.4\text{mH}$，电阻 $R = 20\Omega$，可变电容 C 可在 30～300pF 范围内调节，求此电路的谐振频率范围。

解:

$$f_{01} = \frac{\omega_0}{2\pi} = \frac{1}{2\pi\sqrt{LC}} = \frac{1}{2\times3.14\times\sqrt{0.4\times10^{-3}\times30\times10^{-12}}}\text{Hz} = 1453.6\text{kHz}$$

$$f_{02} = \frac{\omega_0}{2\pi} = \frac{1}{2\pi\sqrt{LC}} = \frac{1}{2\times3.14\times\sqrt{0.4\times10^{-3}\times300\times10^{-12}}}\text{Hz} = 459.7\text{kHz}$$

所以，电路的谐振频率范围为 459.7 ~ 1453.6 kHz。

5.3.2 RLC 并联电路及其频率特性

1. RLC 并联电路

电阻 R、电感 L 和电容 C 并联电路如图 5-16 所示，根据并联电路的特点，利用 KCL 可得

$$i = i_R + i_L + i_C = \frac{u}{R} + \frac{u}{j\omega L} + \frac{u}{\frac{-j}{\omega C}} = u\left[\frac{1}{R} + \left(\frac{1}{j\omega L} - \frac{1}{\frac{j}{\omega C}}\right)\right] \quad (5\text{-}67)$$

$$= u\left[\frac{1}{R} + \left(\frac{1}{jX_L} - \frac{1}{jX_C}\right)\right] = u[G + j(B_C - B_L)]$$

式中，$G = \frac{1}{R}$，称为电导；$B_L = \frac{1}{X_L} = \frac{1}{\omega L}$，称为电感的感纳；$B_C = \frac{1}{X_C} = \omega C$，称为电容的容纳。电导、感纳与容纳的单位均为西门子（S）。

同理，根据电路参数不同，可得出 RLC 并联电路的性质：

1) 当 $X_L > X_C$，即 $B_C > B_L$ 时，$I_C > I_L$，电流超前电压，电路呈容性。
2) 当 $X_L < X_C$，即 $B_C < B_L$ 时，$I_C < I_L$，电流滞后电压，电路呈感性。
3) 当 $X_L = X_C$，即 $B_C = B_L$ 时，$I_C = I_L$，电流与电压同相，电路呈阻性。

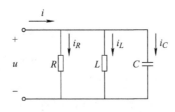

图 5-16 RLC 并联电路

2. RLC 并联电路的频率特性

由式(5-67) 可以看出，正如 RLC 串联电路，在 RLC 并联电路中，当 $\omega L = \frac{1}{\omega C}$，即 $\omega_0 = \frac{1}{\sqrt{LC}}$ 时，$|i|$ 取得最大值，同理可画出电流幅值随频率变化的特性如图 5-17 所示，图中 $f_0 = \frac{\omega_0}{2\pi}$。

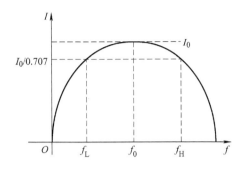

图 5-17 RLC 并联电路的频率特性

在图 5-17 中，f_L 称为下限截止频率，而 f_H 称为上限截止频率。同理，把 f_0 称为 RLC 并联谐振电路的谐振频率，即在谐振频率点，在一定的电压 u 作用下，电路中的总电流达到最大电流，电路阻抗等于电路中的电阻 $\dfrac{1}{R}$，电路呈纯电阻性。

显然，在谐振点，无论是串联谐振还是并联谐振，谐振频率都是 $\omega_0 = \dfrac{1}{\sqrt{LC}}$，且在谐振频率点，在一定的电压 u 作用下，电路中的电流都达到最大值。

5.3.3 RLC 混联电路

在正弦交流电路中，RLC 的串联与并联电路计算方法在形式上与直流电路中电阻的相应公式相似，因此 RLC 混联电路的分析方法可参照直流电路的方法进行。

例 5-9：电路如图 5-18 所示，已知 $R_1 = 3\Omega$，$X_{L1} = 4\Omega$，$R_2 = 4\Omega$，$X_{C2} = 3\Omega$，$\dot{U} = 220\angle 0°$ V。试求电路的等效复阻抗 Z，总电流 $\dot{I}$ 和支路电流 $\dot{I}_1$、$\dot{I}_2$。

解：$Z_1 = (3 + j4)\Omega = 5\angle 53°\ \Omega$

$Z_2 = (4 - j3)\Omega = 5\angle -37°\ \Omega$

总复阻抗满足：

$$\frac{1}{Z} = \frac{1}{Z_1} + \frac{1}{Z_2}$$

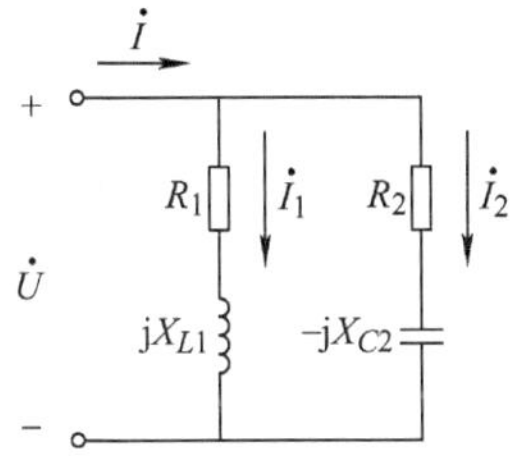

所以

$$Z = \frac{Z_1 Z_2}{Z_1 + Z_2} = \frac{5\angle 53° \times 5\angle -37°}{3 + j4 + 4 - j3}\Omega = \frac{25\angle 16°}{7 + j}\Omega$$

$$= \frac{25\angle 16°}{7 + j}\Omega = \frac{25\angle 16°}{7.07\angle 8.18°}\Omega = 3.54\angle 7.82°\ \Omega$$

图 5-18 例 5-9 图

则

$$\dot{I} = \frac{\dot{U}}{Z} = \frac{220\angle 0°}{3.54\angle 7.82°}\text{A} = 62.15\angle -7.82°\ \text{A}$$

电路基础

$$\dot{I}_1 = \frac{\dot{U}}{Z_1} = \frac{220\angle 0°}{5\angle 53°}A = 44\angle -53° \text{ A}$$

$$\dot{I}_2 = \frac{\dot{U}}{Z_2} = \frac{220\angle 0°}{5\angle -37°}A = 44\angle 37° \text{ A}$$

5.4 工学结合实训七：使用MULTISIM仿真低通、高通、带通滤波器

5.4.1 实训目的

1. 掌握电路仿真软件MULTISIM的基本使用方法。
2. 掌握低通、高通、带通滤波器的工作原理。
3. 掌握设计低通、高通、带通滤波器的方法。
4. 掌握使用仿真软件优化低通、高通、带通滤波器的基本方法。

5.4.2 实训设备与材料

装有MULTISIM的计算机一台，10cm×10cm万能电路板一块，3.3pF电容两个，50Ω电阻两个，30Ω电阻两个，40pF电容两个。

5.4.3 实训内容

1) 使用MULTISIM画出图5-19所示的电路图（注意：图中的文字符号和图形符号为软件自带，并非国标符号），并仿真查看高通滤波器的输出特性，如图5-20、图5-21所示，并在仿真的基础上，制作实际电路板，测试高通滤波器的幅频和相频特性。

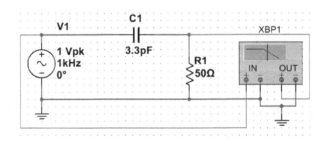

图5-19 高通滤波器电路图

2) 使用MULTISIM画出图5-22所示的电路图（注意：图中的文字符号和图形符号为软件自带，并非国标符号），并仿真查看低通滤波器的输出特性，如图5-23、图5-24所示，并在仿真的基础上，制作实际电路板，测试低通滤波器的幅频和相频特性。

第 5 章　正弦交流电路

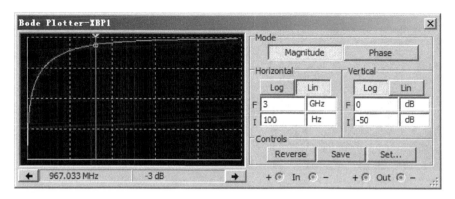

图 5-20　高通滤波器幅频特性图

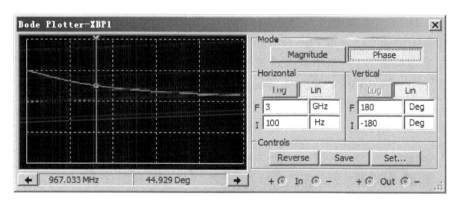

图 5-21　高通滤波器相频特性图

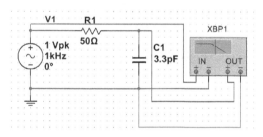

图 5-22　低通滤波器电路图

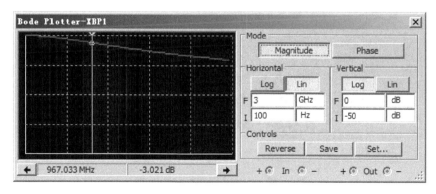

图 5-23　低通滤波器幅频特性图

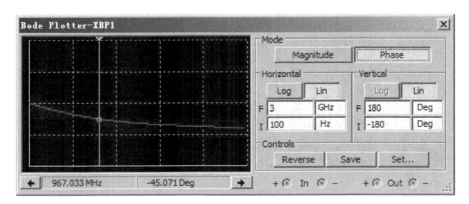

图 5-24　低通滤波器相频特性图

3）使用 MULTISIM 画出图 5-25 所示的电路图（注意：图中的文字符号和图形符号为软件自带，并非国标符号），并仿真查看带通滤波器的输出特性，如图 5-26、图 5-27 所示，并在仿真的基础上，制作实际电路板，测试带通滤波器的幅频和相频特性。

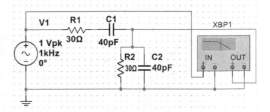

图 5-25　带通滤波器电路图

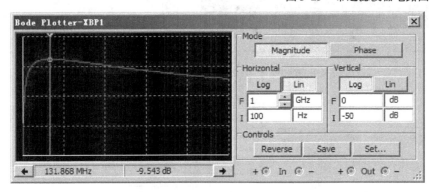

图 5-26　带通滤波器幅频特性图

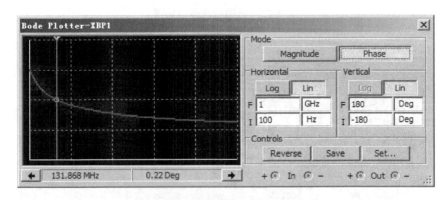

图 5-27　带通滤波器相频特性图

5.4.4 实训测试要求

1）对于高通滤波电路，仿真时所看到的幅频特性和相频特性只是理论数值，实际制作电路板测试时，幅频特性和相频特性都会有变化，但必须具有高频信号通过，而低频信号被阻止的特性，并能准确找出截止频率点。

2）对于低通滤波电路，仿真时所看到的幅频特性和相频特性只是理论数值，实际制作电路板测试时，幅频特性和相频特性都会有变化，但必须具有低频信号通过，而高频信号被阻止的特性，并能准确找出截止频率点。

3）对于带通滤波电路，仿真时所看到的幅频特性和相频特性只是理论数值，实际制作电路板测试时，幅频特性和相频特性都会有变化，但必须具有在某个频率段的信号能通过，而其余信号均被阻止的特性，并能准确找出带通滤波器的带宽。

通过仿真和实际焊接电路板测试，要找出影响幅频特性和相频特性的关键元件，并能知道关键元件参数变化时，对应的幅频特性和相频特性的变化趋势。

5.4.5 注意事项

1. 实际测试电路的幅频和相频特性时，请注意测试仪器的接地安全。
2. 输入信号不要超过测试仪器的量程。
3. 测试时，手不要接触到测试探头，以免导致测试不准确。

5.5 课后习题

5-1 已知正弦交流电压 $u = 311\sin\left(314t + \dfrac{\pi}{6}\right)$ V，电流 $i = 5\sin(314t + 160°)$ mA。求：电压和电流的角频率、频率、周期、幅值、有效值和初相角；当 $t=0$ 时，u、i 的值；当 $t=0.02$s 时，u、i 的值。

5-2 下列各组正弦量中，判断哪个交流电超前？哪个滞后？相位差各等于多少？

（1）$i_1 = 5\sin(\omega t + 30°)$ A，$i_2 = 6\sin(\omega t + 65°)$ A

（2）$u_1 = U_{1m}\sin(\omega t - 30°)$ V，$u_2 = U_{2m}\sin(\omega t - 60°)$ V

（3）$u = -6\sin(\omega t + 70°)$ V，$i = 8\sin(\omega t + 65°)$ A

（4）$u = 6\sqrt{2}\cos(\omega t + 60°)$ V，$i = 8\sqrt{2}\sin(\omega t + 150°)$ A

5-3 在 100Ω 的电阻上加上 $u = 220\sqrt{2}\sin(628t + 30°)$ V 的电压，u、i 参考方向一致时，写出通过电阻的电流瞬时值表达式，求电阻消耗功率的大小。

5-4 在 100mH 电感两端加 $u = 220\sqrt{2}\sin 628t$ V 电压，u、i 参考方向一致时，写出电流的解析式，求电感消耗的无功功率。

5-5 把 $L = 60$mH 的线圈（其电阻忽略不计），接在电压为 $u = 220\sqrt{2}\sin(628t + 30°)$ V 的交流电路中，求：（1）感抗 X_L；（2）电流 I 的有效值；（3）电流 i 的瞬时值；（4）若电

源电压不变，而频率变为100Hz，重新求取上述（1）~（3）题。

5-6　已知一线圈通过100Hz电流时，其感抗为10Ω，试问电源频率为20kHz时，其感抗为多少？

5-7　图5-8a所示 RL 串联电路中，已知 $R=20\Omega$，$L=0.2H$，电源电压 $U=50V$，频率 $f=100Hz$。求：（1）阻抗 Z；（2）电路电流；（3）各元件两端电压。

5-8　电路如图5-28所示，已知 $R_1=50\Omega$，$X_L=160\Omega$，$R_2=30\Omega$，$X_C=150\Omega$，电源电压 $\dot{U}=220\angle 0°$ V，频率 $f=50Hz$。试求支路电流 $\dot{I}_1$、$\dot{I}_2$ 和总电流 $\dot{I}$。

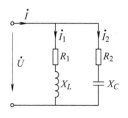

图5-28　题5-8图

5-9　有一个100pF的电容和一个10Ω的电阻及0.6mH的线圈，将它们接成串联谐振电路，求谐振时的阻抗和谐振频率。

第6章 三相交流电路

知识要点

了解三相电源和三相负载的连接方式；
了解安全用电的基本常识；
了解交流变直流的基本电路原理。

当前，国内外电力系统采用的供电方式，几乎全部是三相制，工业上使用的交流电动机大都是三相交流电动机。第5章介绍的正弦量指的是单相电源，单相电源是三相电源的一相。三相交流电在国民经济的发展中得到了大量的应用，主要是因为三相交流电比单向交流电在电能的产生、输送和应用上具有更显著的优点。

6.1 单相电源与三相对称电源

单相电源是指一相相线和一相零线组成的电源系统，相线和零线之间的电压有效值为220V，日常照明、电冰箱、空调、洗衣机、电视机等常用电器均使用单相电源。日常生活中所用的单相交流电，实际上是由三相交流电源的一相提供的，由单相发电机发出的单相交流电源现在已经很少采用。

如图 6-1 所示，三相对称电源共有三相，依次为 A 相、B 相、C 相，A、B、C 为首端，X、Y、Z 为末端。三相对称电源由三个振幅、频率完全相同，相位上彼此相差 120°的交流电源组成，三相电源由三相交流发电机产生。在实际生活中，三相电是指三相相线，相邻相线之间的电压为 380V，没有零线，因此只有三相负载相同的情况下（例如，三相电动机），才能适用三相电，此时由于三相电的电流矢量和为零（这三相电之间互成 120°，所以矢量和为零），这时不需要中性线（相当于零线）。

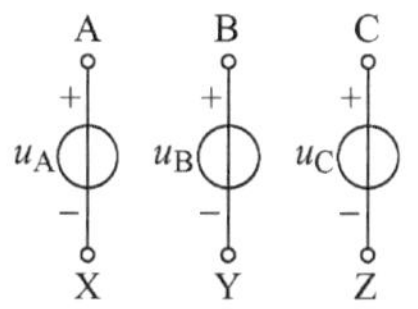

图 6-1 三相对称电源

若以 A 相电压做参考正弦量，则它们的瞬时值表达式为

$$u_A = U_m \sin\omega t$$
$$u_B = U_m \sin(\omega t - 120°)$$
$$u_C = U_m \sin(\omega t + 120°)$$

(6-1)

相当于三个独立的电压源，对应的相量式为

$$\dot{U}_A = U \angle 0°$$
$$\dot{U}_B = U \angle -120° \qquad (6\text{-}2)$$
$$\dot{U}_C = U \angle 120°$$

三相对称电源的波形图、相量图如图 6-2 所示，由图可知，三相对称电源在任意时刻的瞬时值代数和为零，其相量和也为零，即

$$u_A + u_B + u_C = 0 \quad \text{或} \quad \dot{U}_A + \dot{U}_B + \dot{U}_C = 0$$

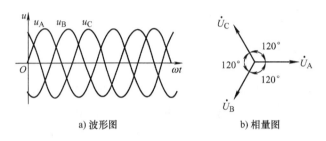

a) 波形图　　　　　b) 相量图

图 6-2　三相对称电源波形图及相量图

电压依次出现最大值的顺序称为相序，图 6-2a 中的相序为 A→B→C→A，称为正相序，简称正序，即 A 相超前 B 相 120°，B 相超前 C 相 120°；与此相反，如果 B 相超前 A 相 120°，C 相超前 B 相 120°，则称为负相序，简称负序。一般无特别说明，三相电源均指正序。

在使用三相电源时，经常要考虑相序问题。工业上一般在三相交流发电机或三相变压器的引出线、实验室配电装置的三相母线上，以黄、绿、红三种颜色区分 A、B、C 三相。对于三相电动机，如果线序接反了，电动机会反转，只要把任意的两相交换位置后，电动机就会正转。

三相电源比单相电源有许多优点，主要表现在以下两个方面：

1）在输送电方面，采用三相电源比单相电源节省约 30% 的材料，且三相电源比单相电源传输的电能损耗更少。

2）在用电方面，三相电动机比单相电动机结构简单，价格低，性能更好。

6.2　三相对称电源的连接

三相电源的连接方式主要有两种，即星形（Y）联结和三角形（△）联结。

6.2.1　三相电源的星形（Y）联结方式

如图 6-3 所示，把三个绕组的末端 X、Y、Z 连接在一起，把始端 A、B、C 引出来，始端 A、B、C 引出的线称为相线；X、Y、Z 接在一起的点称为星形（Y）联结三相对称电源

的中性点,用 N 表示,从中性点引出的导线称为中性线或零线,这种连接方式称为三相电源的星形联结。对于星形联结的电源一般分为有中性线和无中性线的两种,有中性线的情况下,称为三相四线制电源,无中性线的情况下称为三相三线制电源。

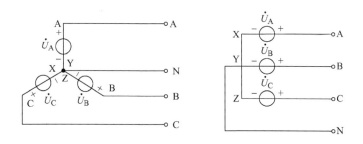

图 6-3 三相电源的星形联结

采用三相四线制的电源可以向负载提供两种电压,即相电压和线电压。如图 6-4a 所示,所谓相电压,就是指每根相线与中性线之间的电压,即 $\dot{U}_{AN}$、$\dot{U}_{BN}$、$\dot{U}_{CN}$,也简写为 $\dot{U}_A$、$\dot{U}_B$、$\dot{U}_C$,由于三相绕组的电压相同,所以星形联结电路的相电压大小也相同;所谓线电压,就是指每两根相线之间的电压,即 $\dot{U}_{AB}$、$\dot{U}_{BC}$、$\dot{U}_{CA}$。

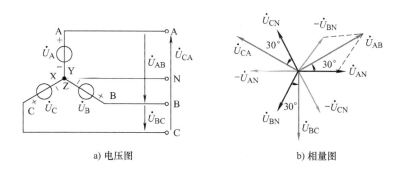

a) 电压图　　　　　　　　　　　b) 相量图

图 6-4 三相电源的星形联结电压图与电压相量图

相电压即为电源电压,由于三相绕组的电压大小相同,相位互差 120°,所以三相相电压为

$$\left.\begin{array}{l}\dot{U}_A = U_p \angle 0° \\ \dot{U}_B = U_p \angle -120° \\ \dot{U}_C = U_p \angle 120°\end{array}\right\} \quad (6\text{-}3)$$

式中,U_p 为相电压的大小。

电源线电压大小为

$$\left.\begin{array}{l}\dot{U}_{AB} = \dot{U}_A - \dot{U}_B \\ \dot{U}_{BC} = \dot{U}_B - \dot{U}_C \\ \dot{U}_{CA} = \dot{U}_C - \dot{U}_A\end{array}\right\} \quad (6\text{-}4)$$

将式(6-3) 代入式(6-4) 得

$$\dot{U}_{AB} = \sqrt{3}\, \dot{U}_p \angle 30° = \sqrt{3}\, \dot{U}_A \angle 30°$$

$$\dot{U}_{BC} = \sqrt{3}\, \dot{U}_p \angle -90° = \sqrt{3}\, \dot{U}_B \angle 30° \quad (6\text{-}5)$$

$$\dot{U}_{CA} = \sqrt{3}\, \dot{U}_p \angle 150° = \sqrt{3}\, \dot{U}_C \angle 30°$$

图 6-4b 所示为各相电压、线电压的相量图，显然，相电压对称，线电压也对称。线电压有效值用 U_l 表示，线电压与相电压的有效值满足

$$U_l = \sqrt{3}\, U_p \quad (6\text{-}6)$$

即对称星形电源电路中，线电压 U_l 是相电压 U_p 的 $\sqrt{3}$ 倍。在相位上，线电压超前对应的相电压 30°，即 $\dot{U}_{AB}$ 超前于相电压 $\dot{U}_A$ 30°，$\dot{U}_{BC}$ 超前于相电压 $\dot{U}_B$ 30°，$\dot{U}_{CA}$ 超前于相电压 $\dot{U}_C$ 30°，记为

$$\dot{U}_l = \sqrt{3}\, \dot{U}_p \angle 30° \quad (6\text{-}7)$$

一般工程上所说的三相电源都是指对称电源，若不特别说明，三相电源的电压是指线电压，一般指低压供电系统中线电压 380V、相电压 220V 的 380/220V 三相四线制交流电压；安全条件要求较高的场所，照明使用线电压 220V、相电压 127V 的 220/127V 三相四线制交流电压；矿场等的大容量电动机则常采用线电压为 6kV 或 10kV 的电压供电。

6.2.2 三相电源的三角形（△）联结方式

如图 6-5 所示，将三相电源的三个绕组始末端顺序相接，形成一个闭合的三角形，从绕组的首端 A、B、C 分别向外引出三条端线连接，这种连接方式称为三相电源的三角形联结。

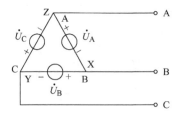

图 6-5　三相电源的三角形（△）联结

因为三相对称电压 $\dot{U}_A + \dot{U}_B + \dot{U}_C = 0$，所以只要连接正确，三个电压形成的闭合回路中不会产生环流。如果是某一项接反了（如 B 相），则

$$\dot{U}_A - \dot{U}_B + \dot{U}_C = -2\dot{U}_B$$

即三角形回路电源变为两倍相电压,由于电源的内阻抗很小,将导致电源回路中的环流很大,造成严重后果。

三相电源为三角形联结时,同样有线电压和相电压之分,其中,相电压是指每相电源绕组两端的电压,线电压是指两根端线之间的电压。显而易见,三相电源为三角形联结时,线电压与相应相电压相等,即

$$\begin{aligned}\dot{U}_{AB} &= \dot{U}_A \\ \dot{U}_{BC} &= \dot{U}_B \\ \dot{U}_{CA} &= \dot{U}_C\end{aligned} \quad (6\text{-}8)$$

这里特别需要注意的是,三相电源为三角形联结时,没有中性点,所以就没有中性线,因此三相电源为三角形联结时只有三相三线制供电方式,只能提供一种电压。

6.3 安全用电

6.3.1 触电形式

因使用电气设备而造成的火灾、触电事故常有发生,如何能安全而又科学地用电是每个人都必须注意的大事。一般来说,通过人体的电流不能超过 7~10mA,有的人对 5mA 的电流就有感觉,当通过人体的电流在 30mA 以上时,将会带来生命危险。常见的触电方式有单相触电和双相触电两种。

1. 单相触电

图 6-6 所示是最常见的一种单相触电方式,当人体接触其中一根相线时,由于三相四线制电源的中性线接地,人体承受 220V 的相电压,电流通过人体→大地→中性点接地体→中性点,形成闭合回路,触电后果比较严重,这种由人体接触一根相线所造成的触电事故,称为单相触电,必须严格控制这类单相触电事故。在高压输电线路中,即使电源的中性点不接地,因为导线和大地之间存在分布电容,也会有电流流经人体与另外两相构成通路,这个电流足以危及人身安全,也是非常危险的,同样要严格控制出现这类安全事故。

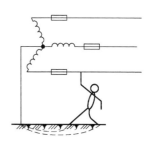

图 6-6 人体单相触电

一般在家庭电路中有两根电线,一根是相线,另一根是零线,家庭电路触电一般是人直接或间接跟相线接触造成的。第一种触电事故是人站在地上触碰到相线,这时人体的手和脚之间大概承受 220V 的电压。第二种触电事故是人可能站在绝缘体上,但两手同时接触到两根电源线,这时相线与零线之间的 220V 的电压直接加到人体上,即人体的两

只手之间承受 220V 的电压，一般人体的电阻是 1000Ω 左右，按照这个阻值计算，通过人体的电流达到 220mA，如此大的电流必定会造成严重的触电事故。因此，为了人身安全，绝不能让没有足够绝缘强度的相线接触到身体的皮肤表面或者潮湿的衣物及物体。需要检测用电线路时，**建议在关闭电源双向闸刀开关的情况下，再带上绝缘手套检测线路，以防触电。**

2. 双相触电

图 6-7 所示是人体双相触电的示意图，当人体同时接触两相相线时，电流经 B 相相线→人体→C 相相线构成闭合回路，380V 的线电压直接作用于人体，触电电流为 300mA 以上，这种触电最为危险，后果最为严重，应该严格避免出现这类双相触电事故。

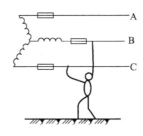

图 6-7 人体双相触电

6.3.2 触电的防止与相关的安全技术

由于触电会带来严重的人身安全事故，因此必须采用可靠的技术措施防止触电事故的发生。主要可以采取绝缘、屏护、漏电保护器、安全电压、安全间距等措施防止直接触电事故的发生。间接防止触电的方式有保护接地、保护接零等基本措施。其中保护接地是将正常情况下不带电，而在绝缘材料损坏后或其他情况下可能带电的电器金属部分用导线与接地体可靠连接起来的一种保护接线方式；而保护接零是将电工设备的金属外壳和电网的零线可靠连接，起到保护人身安全的一种用电安全措施。

1. 绝缘

绝缘是用绝缘材料（一般指电阻率大于 1MΩ 的物质所构成的材料）把带电体隔离起来，实现带电体之间、带电体与其他物体之间的电气隔离，使设备能长期安全、正常地工作，同时可以防止人体触及带电部分，避免发生触电事故，所以绝缘在电气安全中有着十分重要的作用。良好的绝缘是设备和线路正常运行的必要条件，也是防止触电事故的重要措施。

在使用一段时间后，绝缘材料会发生绝缘破坏，除了在强电场作用下被击穿而破坏外，自然老化、电化学击穿、机械损伤、潮湿、腐蚀、热老化等也会降低其绝缘性或者导致绝缘破坏，有时电压并不是很高也会造成绝缘击穿。所以绝缘要定期检测，保证电气绝缘的安全可靠。

2. 屏护

屏护是指采用遮栏、围栏、护罩、护盖或隔离板等把带电体同外界隔离开来，以防止人体触及或接近带电体所采取的一种安全技术措施，除防止触电作用外，有的屏护装置还能起到防止电弧伤人、防止弧光短路或便于检修等作用。配电线路和电气设备的带电部分，如果不便加包绝缘或绝缘强度不足时，就可以采用屏护措施。

3. 漏电保护器

漏电保护器俗称为"触电保安器"或保安器。漏电是指电器绝缘损坏或其他原因造成导电部分碰壳时，如果电器的金属外壳是接地的，那么电就由电器的金属外壳经大地构成通路，从而形成电流，即漏电电流，也叫接地电流。当漏电电流超过允许值时，漏电保护器能够自动切断电源或报警，以保证人身安全。

4. 安全电压

为了防止触电事故的发生和电流通过人体造成的伤害，由特定电源供电的较低电压系列称为安全电压。我国安全电压规定为五个等级，一般规定安全电压的额定值为42V、36V、24V、12V、6V。

5. 安全间距

安全间距是指在带电体与地面之间，带电体与其他设施、设备之间，带电体与带电体之间保持的一定安全距离，简称间距。

安全距离的设置目的：
1）防止人体触及或接近带电体造成触电事故。
2）防止车辆或其他物体碰撞或过分接近带电体造成事故。
3）防止电器短路事故、过电压放电和电器火灾事故。
4）便于操作。

6. 接地

电气及电子系统中的"地"通常有两种含义：一种是"大地"，另一种是"系统基准地"。

一是为了安全，称为保护接地。保护接地是指将电气设备平时不带电的金属外壳用专门的接地装置实现良好的金属性连接。其作用是当设备金属外壳意外带电时，确保金属外壳对地的电位被限制在规定的安全范围内，消除或减小触电的危险。

二是为信号电压或系统电压提供一个稳定的零电位的参考点，称为信号地或系统地。

6.3.3 电气火灾与防火措施

电气火灾是指由电气原因引发燃烧、爆炸等现象而造成的灾害。电路或电器电子设备短路、过载、漏电等电气事故都有可能导致火灾。因电器设备自身的设计缺陷、设备安装不当、电气接触不良、雷击静电等引起的高温、电弧，以及电火花等是导致电气火灾的直接原因。在用电设备的周围存放易燃、易爆物是导致电气火灾的环境条件。

由于电气火灾可能会造成严重的人身伤害和财产的重大损失，因此，防范电气火灾的发生尤其重要。一般来说，防护措施主要致力于消除隐患、提高用电安全，具体措施如下：

1. 正确选用保护装置，防止电气火灾发生

1）对正常运行条件下有可能产生电热效应的设备采用隔热、散热、强迫冷却等结构，并注重耐热、防火材料的使用。

2）按规定要求设置包括短路、过载、漏电保护设备的自动断电保护。对电气设备和线路正确设置接地、接零保护，为防雷电安装避雷器及接地装置。

3）根据使用环境和条件正确设计选择电气设备。恶劣的自然环境和有导电尘埃的地方应选择有抗绝缘老化功能的产品，或增加相应的措施；对易燃易爆场所则必须使用防爆电气产品。

2. 正确安装电气设备，防止电气火灾发生

（1）合理选择安装位置

对于爆炸等危险场所，要尽量考虑把电气设备安装在爆炸危险场所以外或爆炸危险性较小的部位。

对于开关、插座、熔断器、电热器具、电焊设备和电动机等应根据需要，尽量避开易燃物或易燃建筑构件。起重机滑触线下方，不应堆放易燃品。露天变压器、配电箱等装置，不应设置在易于沉积可燃性粉尘或纤维的地方等。

（2）保持必要的防火距离

相邻两栋建筑物应该保持适应火灾扑救、人员安全疏散和降低火灾时热辐射的必要间距。

对于在正常工作时会产生电弧或电火花的电气设备，应使用灭弧材料将其全部隔围起来，或将其与可能被引燃的物料，用耐弧材料隔开，或与可能引起火灾的物料之间保持足够的距离，以便能安全灭弧。安装和使用有局部热聚焦或热集中的电气设备时，在局部热聚焦或热集中的方向与易燃物料，必须保持足够的距离，以防引起燃烧。

电气设备周围的防护屏蔽障材料必须能承受电气设备产生的高温（包括故障情况下）。应该根据具体情况选择不可燃、阻燃材料或在可燃性材料表面喷涂防火涂料。

3. 保持电气设备的正常运行，防止电气火灾发生

1）正确使用电气设备，按照电气设备规范操作，是保证电气设备正常运行的前提。

2）必须保持电气设备的电压、电流、温升等不超过允许值。保持各导电部分连接可靠，接地良好。

3）必须保持电气设备的绝缘良好，保持电气设备的清洁，保持良好通风。

4. 电气火灾的扑救

（1）正确选择使用灭火器

在扑救尚未确定断电的电气火灾时，应选择适当的灭火器和灭火装置，否则，有可能造成触电事故和更大危害，如使用普通水枪射出的直流水柱和泡沫灭火器射出的导电泡沫可能会破坏绝缘。

使用四氯化碳灭火器灭火时，灭火人员应站在上风侧，以防中毒；在成功灭火后，室内或封闭空间等要注意通风。使用二氧化碳灭火时，当其浓度达85%时，人就会感到呼吸困难，要注意防止窒息，造成二次灾害。

（2）正确使用水枪

直流水枪适用于远距离扑救一般物质火灾、建筑火灾，冷却大型设备、储罐等。

喷雾水枪适用扑救一般物质火灾、中小型可燃液体和气体火灾，在一定条件下可扑救带电器火灾，火场排烟，还可形成水幕保护消防员、稀释浓烟及可燃气体和氧气的浓度。带电灭火时使用喷雾水枪比较安全，原因是这种水枪通过水柱的泄漏电流较小。

脉冲水枪主要扑救初起、小面积的A、B、C类火灾，交通工具火灾和电气线路、设备火灾等。

（3）灭火器的保管

灭火器在不使用时，应注意对它的保管与检查，保证随时可正常使用。

6.4 工学结合实训八：设计、焊接、测试电源电路

6.4.1 实训目的

1. 掌握万用表、示波器的使用方法。
2. 掌握元器件的焊接方法。
3. 掌握交流电源转换为直流电源的方法。

6.4.2 实训设备与材料

实训设备：万用表、示波器。

实训材料：220V转12V变压器、2P接线端子、1N4007二极管、1μF/50V电解电容、100μF/50V电解电容、330μF/50V电解电容、L7805三端稳压管、LM317三端稳压IC、104瓷片电容、2kΩ精准电位器、240Ω电阻、1kΩ电阻、排针、发光二极管、5cm×7cm万能电路板、散热片。

6.4.3 电路原理图

图6-8所示是L7805三端稳压管输出5V电压的电路原理图，首先将220V电源经过变压

> 电路基础

器降压，然后通过四个二极管整流，再经电容滤波后经稳压管 L7805 输出稳定的直流 5V 电压。

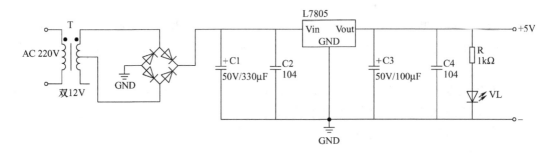

图 6-8　L7805 三端稳压电源

图 6-9 所示是 LM317 可调稳压电源的电路原理图，首先将 220V 电源经过变压器降压，然后通过四个二极管整流，再经电容滤波后经 LM317 输出可调稳压电源，输出电压大小由图中的可调电阻决定。

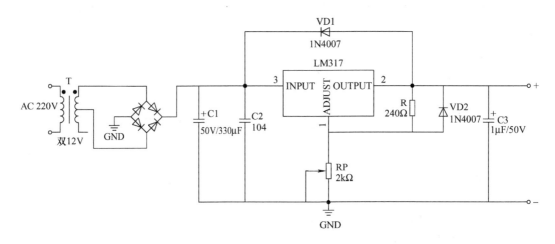

图 6-9　LM317 可调稳压电源

1. 变压器的基本结构

变压器是一种利用电磁感应原理，从一个电路向另一个电路传递电能或传输信号的一种电器装置。变压器具有变换交流电压、电流或阻抗的作用，能将某一等级的交流电压和电流转换成同频率的另一等级的电压和电流。变压器的结构如图 6-10 所示，变压器由铁心（或磁心）和线圈组成，其中接电源的绕组叫一次绕组，其余的绕组叫二次绕组。利用电磁感应原理，当变压器一侧施加交流电压 u_1，流过一次绕组的电流为 i_1，则该电流在铁心中会产生交变磁通，使一次绕组和二次绕组发生电磁联系，根据电磁感应原理，交变磁通穿过这两个绕组就会感应出电动势，其大小与绕组匝数以及主磁通的最大值成正比，绕组匝数多的一侧电压高，绕组匝数少的一侧电压低，当变压器二次侧开路，即变压器空载时，一、二次

128

侧端电压与一、二次绕组匝数成正比,即 $U_1/U_2 = N_1/N_2$,但一次侧与二次侧频率保持一致,从而实现电压的变化。

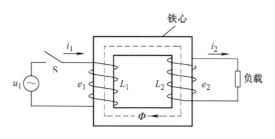

图 6-10 变压器的结构

2. 单相全波整流电路

前面章节讲授过二极管具有单向导电性,可以采用四个二极管实现全波整流,单相全波整流电路及其波形如图 6-11 所示。其中,图 6-11a 是单相全波整流电路图,图 6-11b 是单相全波整流电路的简化符号,图 6-11c 是单相全波整流电路的波形图。在 u_2 的正半周,电流能通过二极管 VD_1、R_L、二极管 VD_3,回到电源负极;而在 u_2 的负半周,电流能通过二极管 VD_2、R_L、二极管 VD_4,回到电源负极;无论是在 u_2 正半周还是 u_2 的负半周,经过 R_L 的电流总是从上到下,因此,在定义了上正下负的情况下,流经 R_L 的电流全为正值,R_L 两端的电压全为正值,如图 6-11c 所示。这类在正弦交流电的整个周期内均有电流输出的整流电路称为全波整流电路。

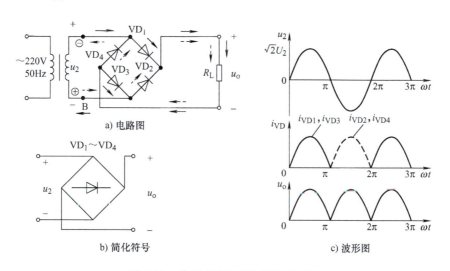

图 6-11 单相全波整流电路及其波形

负载 R_L 两端电压的平均值计算如下:

$$u_o = \frac{1}{2\pi}\int_0^{2\pi}\sqrt{2}U_2\sin\omega t dt = 0.9U_2$$

$$I_o = \frac{0.9U_2}{R_L}$$

对于单相全波整流电路，其整流二极管的平均电流为 $I_o/2$，最高反向工作电压为 $\sqrt{2}U_2$，选择整流二极管时，如果最大整流电流（I_F）偏小或偏大，分别会导致二极管的烧坏或浪费，如最大反向工作电压（V_{FM}）偏小或偏大，则分别会导致二极管反向击穿或浪费。

3. 电容滤波的基本原理

整流电路的输出电压跟直流电压相差甚远，用示波器可以观察到整流电路的输出，其波形中含有较大的脉动成分，一般称为纹波。为了获得比较理想的直流电压，一般需要利用具有储能作用的电抗性元件（如电容、电感等）组成滤波电路，用来滤除整流电路输出电压中的脉动成分，从而获得较平缓的直流电压。常用的滤波电路包括无源滤波和有源滤波两大类。无源滤波主要有电容滤波、电感滤波和复式滤波（电容和电感的组合）。有源滤波主要有 RC 滤波，也常称为电子滤波器。直流电中的脉动成分的大小用脉动系数（S）来表示，即

脉动系数(S) = 输出电压交流分量的基波分量/输出电压的直流分量

脉动系数的值越大，则滤波器的滤波效果越差。

此处主要介绍电容滤波，其他滤波电路可参考相关书籍。

电容滤波电路如图 6-12a 所示，并联的电容 C 在输入电压升高时，给电容充电，可把部分能量存储在电容中，而当输入电压降低时，电容 C 两端电压以指数规律放电，就可以把存储的能量释放出来。经过滤波电路向负载放电，负载上得到的输出电压就比较平滑，起到了滤波作用。如图 6-12 所示，在接通交流电源后，二极管导通，整流电源同时向电容充电和向负载提供电流，输出电压的波形是正弦波。在时刻 t_1，即达到 u_2 的峰值，随后 u_2 开始以正弦规律下降，此时二极管是否关断，取决于二极管承受的是正向电压还是反相电压。

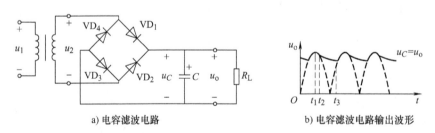

a) 电容滤波电路　　　　b) 电容滤波电路输出波形

图 6-12　电容滤波电路及其输出波形

先设达到峰值后，二极管关断，那么只有滤波电容以指数规律向负载放电，从而维持一定的负载电流。但达到峰值后电容放电以指数规律下降，速率快，而正弦波下降的速率小，所以超过 90° 以后有一段时间二极管仍然承受正弦电压，二极管导通。随着 u_2 的下降，正弦波的下降速率越来越快，u_C 的下降速率越来越慢。所以在超过 90° 后的某一点，例如图 6-12b 中的 t_2 时刻，二极管开始承受反向电压，二极管关断。此后只有电容 C 向负载以指数规律放电的形式提供电流，直至下一个半周的正弦波来到，u_2 再次超过 u_C，如图 6-12b 中 t_3 时刻，二极管重又导电。以上过程电容的放电时间常数为

$$\tau_d = R_L C$$

在图 6-13a 所示的电路中，如果负载无穷大（即输出端空载），设初始电容电压 u_C 为零，接入电源后，当 u_2 在正半周时，通过 VD1、VD3 向电容 C 充电；而在 u_2 的负半周时，通过 VD2、VD4 向电容 C 充电，充电时间常数为

$$\tau_c = R_{int} C$$

式中，R_{int} 包括变压器二次绕组的直流电阻和二极管的正向导通电阻。由于该电阻一般很小，电容很快就充到交流电压 u_2 的最大值，如图 6-13b 所示的 t_1 时刻。此后，u_2 开始下降，由于电路输出端没接负载，电容没有放电回路，所以电容电压值 u_C 不变，此时，$u_C > u_2$，二极管两端承受反向电压，处于截止状态，电路的输出电压 $u_o = u_C = \sqrt{2} U_2$，电路输出维持一个恒定值。

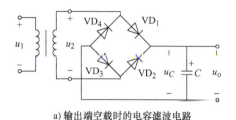
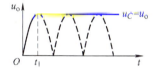

a) 输出端空载时的电容滤波电路　　　　b) 输出端空载时的电容滤波电路输出波形

图 6-13　输出端空载的电容滤波电路及其输出波形

电容滤波一般负载电流较小，可以满足 t_d 较大的条件，所以输出电压波形的放电段比较平缓，纹波较小，输出脉动系数小，输出平均电压 $U_{o(AV)}$ 较大，具有较好的滤波特性。

电容滤波电路都有一个共性，那就是需要很大的电容容量才能满足要求，然而，大电容在加电瞬间有很大的短路电流，这个电流对整流二极管、变压器冲击很大，所以现在一般是在整流前加一个功率型负温度系数（NTC）热敏电阻来维持平衡，因 NTC 热敏电阻在常温下电阻很大，加电后随着温度升高，电阻阻值迅速减小，这个电路叫软起动电路。这类电路的缺点是：断电后，在热时间常数内，NTC 热敏电阻没有回到零功率电阻值，所以不宜频繁开启。

6.4.4　实训测试要求

1. 对于图 6-8 所示的电路，用万用表测出 +5V 输出端电压在 4.9 ~ 5.1V 范围内，可用示波器观察输出电压波形，要求波动范围小。

2. 对于图 6-9 所示的电路，通过调节图中的滑动变阻器，用万用表测出输出端电压在 1.25 ~ 12V 范围内，可用示波器观察输出电压波形，要求波动范围小。

6.4.5　注意事项

1. 用电注意安全，绝对不能用手触摸 220V 的交流电压，并要做到绝缘，不能让高于 36V 的电路连接点裸露。

2. 测试时注意万用表的量程选用，在不知道所测值大小的情况下，选择最大量程，逐次降低量程，找到适中量程进行测试。

3. 在正式焊接电路板前，建议用废弃元器件在废弃电路板上焊接练习，确保焊接点光滑、连接牢固后再正式焊接。

6.5 课后习题

6-1 填空题

1. 整流电路将_____电压变成脉动的_____电压。
2. 三端稳压管 L7805 的输入电压是_____，输出电压是_____。
3. 稳压电路使直流输出不受_____或_____的影响。
4. 整流电路是利用整流元件的_____来完成整流任务。
5. 变压器是一种利用_____原理，从一个电路向另一个电路传递电能或传输信号的一种电器装置。
6. 为了获得比较理想的_____电压，一般需要利用具有储能作用的_____性元件（如电容、电感等）组成滤波电路，用来滤除整流电路输出电压中的脉动成分，从而获得较平缓的_____电压。
7. 利用储能元件电感 L 的_____不能突变的特点，在整流电路的负载回路中串联一个电感，使输出电流波形较为平滑。

6-2 选择题

1. 单相半波整流电路中，已知变压器二次电压有效值为 U_2，则负载电阻 R_L 上的平均电压等于（　　）。

   A. $0.9U_2$ 　　　　B. $0.45U_2$ 　　　　C. U_2

2. 单相桥式或全波整流滤波电路中，已知变压器二次电压有效值为 U_2，则负载电阻 R_L 上的平均电压等于（　　）。

   A. $1 \sim 1.2U_2$ 　　　　B. $0.9U_2$ 　　　　C. U_2

3. 单相半波整流电路中的二极管在输入电压的（　　）有电流流过。

   A. 整个周期　　　B. 四分之一　　　C. 二分之一　　　D. 三分之一

4. 二极管构成的稳压电路，其接法是（　　）。

   A. 稳压二极管与负载电阻串联
   B. 稳压二极管与负载电阻并联
   C. 限流调整电阻与稳压二极管串联后，再与负载电阻并联

5. 在单相桥式整流电路中，如果一只二极管接反，则（　　）。

   A. 将引起电源短路　　　　　　　　B. 将称为半波整流电路
   C. 电路可以正常工作　　　　　　　D. 仍是全波整流

6-3 三相对称星形电源，已知 $u_{AB} = 537.4\cos(\omega t + 80°)\text{V}$，求线电压 $\dot{U}_{AB}$、$\dot{U}_{BC}$、$\dot{U}_{CA}$ 和相电压 $\dot{U}_{AN}$、$\dot{U}_{BN}$、$\dot{U}_{CN}$，并画出相量图。

6-4 每相阻抗为 $(30 + j58)\Omega$ 的对称负载连接为三角形联结，接到 380V 的三相电源上，求负载的线电压、相电压、相电流、线电流。

第 6 章 三相交流电路

6-5 三相对称电路的线电压 $U_l = 220V$，负载阻抗 $Z = (28 + j36)\Omega$，试求：
（1）星形联结时负载的线电流及吸收的总功率。
（2）三角形联结时负载的相电流、线电流及吸收的总功率。

6-6 单相半波整流电路如图 6-14 所示，试说明该电路的工作原理，估算 u_o 的大小，并画出 u_2 和 u_o 的波形。

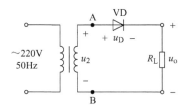

图 6-14 题 6-6 图

6-7 单相全波整流电路如图 6-15 所示，图中 u_2 的有效值为 12V，$R_L = 50\Omega$，试计算 R_L 的功率。

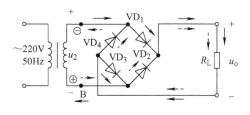

图 6-15 题 6-7 图

6-8 单相全波整流滤波电路如图 6-16 所示，图中 u_2 的有效值为 12V，$R_L = 50\Omega$，试计算 R_L 的功率。

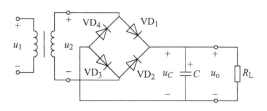

图 6-16 题 6-8 图

第7章　综合实训：设计、安装、测试万用表

7.1　实训目的

1. 掌握常用电工工具及仪表的使用。
2. 掌握万用表的基本工作原理和设计方法。
3. 学会安装、调试、使用万用表，并学会排除一些万用表的常见故障。
4. 掌握锡焊技术的同时，培养学生在工作中耐心细致、一丝不苟的工作作风。

7.2　实训设备与材料

1. 实训设备

本次综合实训主要需要一台电烙铁（可使用恒温式、调温式或双温式电烙铁）、梅花形螺钉旋具、镊子、万用表（机械式或数字式）、焊接台架等。

（1）恒温式电烙铁

由于恒温电烙铁头内，装有带磁铁式的温度控制器，控制通电时间而实现温控，即给电烙铁通电时，烙铁的温度上升，当达到预定的温度时，因强磁体传感器达到了居里点而磁性消失，从而使磁心触点断开，这时便停止向电烙铁供电；当温度低于强磁体传感器的居里点时，强磁体便恢复磁性，并吸动磁心开关中的永久磁铁，使控制开关的触点接通，继续向电烙铁供电。如此循环往复，便达到了控制温度的目的。恒温式电烙铁的种类较多，烙铁心一般采用正温度系数（PTC）元件。此类型的烙铁头不仅能恒温，而且可以防静电、防感应电，能直接焊CMOS器件。高档的恒温式电烙铁，其附加的控制装置上带有烙铁头温度的数字显示（简称数显）装置，显示温度最高达400℃。烙铁头带有温度传感器，在控制器上可由人工改变焊接时的温度。若改变恒温点，烙铁头很快就可达到新的设置温度。无绳式电烙铁是一种新型恒温式焊接工具，由无绳式电烙铁单元和红外线恒温焊台单元两部分组成，可实现220V电源电能转换为热能的无线传输。烙铁单元组件中有温度高低调节旋钮，可实现160~400℃连续可调，并有温度高低档指示。另外，还设计了自动恒温电子电路，可根据用户的设置使用温度自动恒温，误差范围为3℃。

（2）调温式电烙铁

调温式电烙铁附加有一个功率控制器，使用时可以改变供电的输入功率，可调温度范围

为100~400℃。调温式电烙铁的最大功率是60W，配用的烙铁头为铜镀铁烙铁头（俗称长寿头）。

（3）双温式电烙铁

双温式电烙铁为手枪式结构，在电烙铁手柄上附有一个功率转换开关。开关分两档：一档是20W，另一档是80W。只要转换开关的位置即可改变电烙铁的发热量。

2. 实训材料

1）固定电阻：0.47Ω（R1）、5Ω（R2）、50.5Ω（R3）、555Ω（R4）、15kΩ（R5）、30kΩ（R6）、150kΩ（R7）、800kΩ（R8）、84kΩ（R9）、360kΩ（R10）、1.8MΩ（R11）、2.25MΩ（R12）、4.5MΩ（R13）、17.3kΩ（R14）、55.4kΩ（R15）、1.78kΩ（R16）、165Ω（R17）、15.3Ω（R18）、6.5Ω（R19）、4.15kΩ（R20）、20kΩ（R21）、2.69kΩ（R22）、141kΩ（R23）、20kΩ（R24）、20kΩ（R25）、6.75MΩ（R26）、6.75MΩ（R27）、0.025Ω（R28，分流器）、RV（压敏电阻）各1个。

2）可调电阻：10kΩ（电阻档调零电位器，立式，RP1）、500Ω或1000Ω（RP2）各1个。

3）1N4007共6个（VD1、VD2、VD3、VD4、VD5、VD6）。

4）熔丝夹2只。

5）电容：10μF/16V（C1）、0.01μF（C2）各1个。

6）熔丝1根（0.5~1A，内阻小于0.5Ω）。

7）连接线4根。

8）短接线1根（电路板J1短接）。

9）电路板1块。

10）蜂鸣器1个（BUZZ）。

11）电烙铁与焊台各1个。

12）焊锡若干。

7.3 指针式万用表最基本的工作原理

现在大部分指针式（机械式）万用表均为磁电系仪表，表头内部由两部分组成，一部分是可动部分，另一部分是固定部分。固定部分：动圈、定圈；可动部分：弹簧游丝、指针、阻尼器。其中，动圈和定圈的作用主要是通入电流产生磁场力，弹簧游丝的作用主要是产生反作用力矩带动表针偏转。阻尼器的作用是：当指针受到磁场力的作用而偏转时会产生一定的惯性，而阻尼器的作用就是吸收这部分惯性，让指针可以尽快地停止在某一点上以达到快速读数的目的。

指针式万用表最基本的工作原理图如图7-1所示，它由表头、电阻测量档、电流测量档、直流电压测量档和交流电压测量档几个部分组成，图中"-"为黑表棒插孔，"+"为红表棒插孔。测电压和电流时，外部有电流通入表头，因此不需内接电池。当我们把档位开关旋钮SA打到交流电压档时，通过二极管VD整流，电阻R_3限流，由表头显示出数值来；

当打到直流电压档时不需二极管整流,仅需电阻 R_2 限流,表头即可显示数据;打到电流档时既不需二极管整流,也不需电阻 R_2 限流,表头即可显示数据。

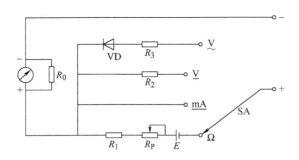

图 7-1 指针式万用表基本工作原理图

测电阻时将转换开关 SA 拨到"Ω"档,这时外部没有电流流入,因此必须使用内部电池作为电源,设外接的被测电阻为 R_x,表内的总电阻为 R,形成的电流为 I,由 R_x、电池 E、可调电位器 R_P、固定电阻 R_1 和表头部分组成闭合电路,形成的电流 I 使表头的指针偏转。红表棒与电池的负极相连,通过电池的正极与电位器 R_P 及固定电阻 R_1 相连,经过表头接到黑表棒与被测电阻 R_x 形成回路产生电流使表头显示。回路中的电流为

$$I = \frac{E}{R_x + R} \tag{7-1}$$

由式(7-1)可知:I 和被测电阻 R_x 不成线性关系,所以表盘上电阻标度尺的刻度是不均匀的。当电阻越小时,回路中的电流越大,指针的摆动越大,因此电阻档的标度尺刻度是反向分度。

当万用表红黑两表笔直接连接时,相当于外接电阻最小,即 $R_x = 0$,显然:

$$I = \frac{E}{R_x + R} = \frac{E}{R} \tag{7-2}$$

此时通过表头的电流最大,表头摆动最大,因此指针指向满刻度处,向右偏转最大,显示阻值为 0Ω。

反之,当万用表红黑两表棒开路时,即 $R_x \to \infty$,R 可以忽略不计,那么

$$I = \frac{E}{R_x + R} \approx \frac{E}{R_x} \to 0 \tag{7-3}$$

此时通过表头的电流最小,因此指针指向 0 刻度处,显示阻值为 ∞。

7.4　MF47 型万用表的工作原理

MF47 型万用表的原理图如图 7-2 所示,由 6 个部分组成:公共显示部分、保护电路部分、直流电流部分、直流电压部分、交流电压部分和电阻部分。它的显示表头是一个直流微安表,RP2 是电位器用于调节表头回路中的电流大小,VD3、VD4 两个二极管反向并联并与电容并联,用于限制表头两端的电压,起保护表头的作用,使表头不会因电压、电流过大而烧坏。电阻档分为 ×1Ω、×10Ω、×100Ω、×1kΩ、×10kΩ 等几个量程,当转换开关打到某一个量程时,与其相应的电阻形成回路,使表头偏转,测出阻值的大小。

第7章 综合实训：设计、安装、测试万用表

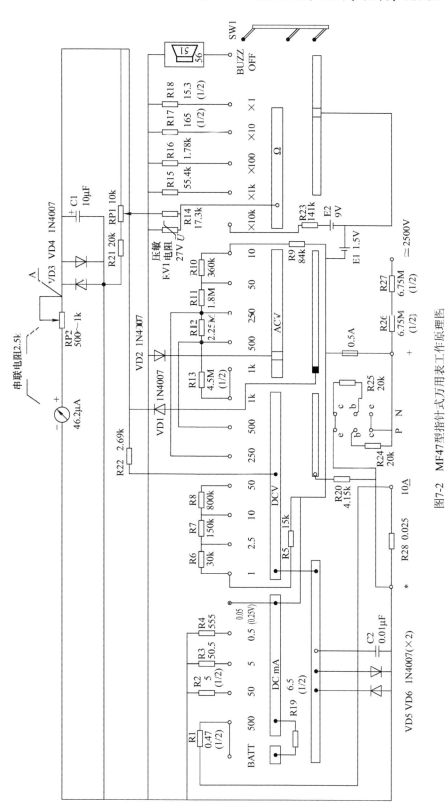

图7-2 MF47型指针式万用表工作原理图

注：图中电阻阻值单位为Ω；功率未注明者为1/4W；1/2指功率，单位为W。

> 电路基础

电路板上每个档位的分布如图 7-3 所示，上面为交流电压档，左边为直流电压档，下面为直流电流档，右边是电阻档。

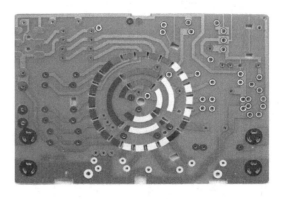

图 7-3　MF47 型指针式万用表电路板图

7.5　MF47 型万用表电阻档工作原理

MF47 型万用表电阻档工作原理如图 7-4 所示，电阻档分为 ×1Ω、×10Ω、×100Ω、×1kΩ、×10kΩ 5 个量程。例如，将档位开关旋钮打到 ×1Ω 时，外接被测电阻通过"COM"端与公共显示部分相连；通过"+"端与 0.5A 熔断器接到电池，再经过电刷旋钮与 R18 相连，RP1 为电阻档公用调零电位器，最后与公共显示部分形成回路，使表头偏转，测出阻值的大小。

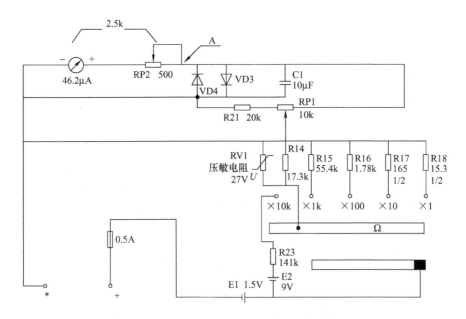

图 7-4　MF47 型指针式万用表电阻档原理图

7.6 MF47型万用表的安装步骤

MF47型万用表的安装步骤：首先是清点材料与材料的识别，然后做焊接前的准备工作，再进行元器件的焊接与安装，再进行机械部件的安装与调整，最后进行万用表故障的排除，如图7-5所示。

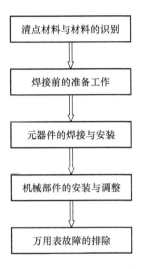

图7-5 万用表的安装步骤

7.6.1 清点材料与主要材料的识别

按照7.2节的要求清点材料，分别按类别装好，贴上标签，以备待用。准备好电源、电烙铁、镊子等工具，清洁台面，为焊接做好准备。

1. 可调电阻

可调电阻如图7-6所示，轻轻拧动电位器RP1的旋钮，可以调节电位器RP1的阻值；用十字螺钉旋具轻轻拧动可调电阻RP2的橙色旋钮，可调节可调电阻RP2的阻值。

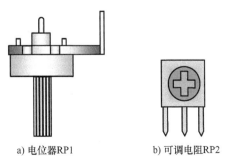

a) 电位器RP1　　b) 可调电阻RP2

图7-6 可调电阻

2. 二极管与熔丝夹

二极管与熔丝夹如图 7-7 所示，图 7-7a 为二极管，图中已标出"+""-"极，实际二极管按照颜色区分"+""-"极，黑色端为"+"极，白色端为"-"极。

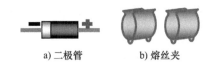

图 7-7　二极管和熔丝夹

3. 电容

电容的外形如图 7-8 所示，其中，图 7-8a 所示是电解电容，注意长脚为"+"极，短脚为"-"极；图 7-8b 所示是涤纶电容，图上标注"2A103J"的意思为：2A 代表额定电压为 100V，103 代表容值为 $10 \times 10^3 pF$，"J"代表误差为 ±5%。

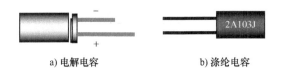

图 7-8　电容

4. 电位器旋钮及其他部件

电位器旋钮、晶体管插座和组合件（后盖+提把+电池盖板）如图 7-9 所示，旋转电位器旋钮可以改变电位器的阻值，晶体管插座用于晶体管等的测试输入插孔，后盖用于盖住万用表的底部。V 形电刷、晶体管插片和输入插管如图 7-10 所示，V 形电刷也称 V 形弹片或 V 形接触片，当万用表切换到不同档位时，V 形电刷相当于该档位的开关，保证了该档位相关电路的连通；晶体管插片放置于晶体管插座内，确保测量晶体管等器件时，器件引脚能与万用表可靠连接；当红、黑表笔插入万用表时，输入插管保证了红、黑表笔与万用表的可靠连接。

5. 元器件参数的检测

每个元器件在焊接前都要用万用表检测其参数是否在规定的范围内。二极管、电解电容要检查它们的极性，电阻要测量阻值。

测量阻值时应将万用表的档位开关旋钮调整到电阻档，预读被测电阻的阻值，估计量程，将档位开关旋钮打到合适的量程，短接红黑表棒，调整电位器旋钮，将万用表调零，如图 7-11 所示。注意电阻档调零电位器在表的右侧，不能调表头中间的小旋钮，该旋钮用于表头本身的调零。调零后，用万用表测量每个插放好的电阻的阻值。测量不同阻值的电阻时要使用不同的档位，每次换档后都要调零。为了保证测量的精度，要使测出的阻值在满刻度

第 7 章 综合实训：设计、安装、测试万用表

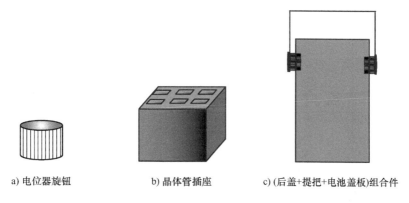

图 7-9 电位器旋钮、晶体管插座和组合件

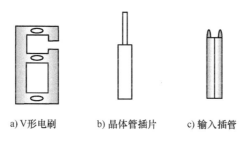

图 7-10 V 形电刷、晶体管插片和输入插管

的 2/3 左右，否则应及时调整量程，过大或过小都会影响读数。注意一定要先插放电阻，后测阻值，这样不但检查了电阻的阻值是否准确，而且同时还检查了元器件的插放是否正确，如果插放前测量电阻，只能检查元器件的阻值，而不能检查插放是否正确。

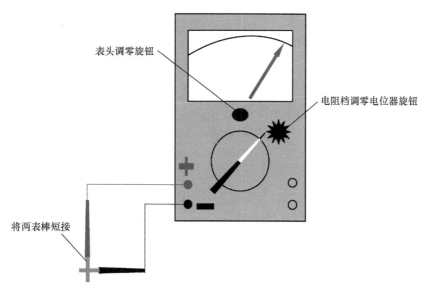

图 7-11 万用表调零

141

7.6.2 焊接前的准备工作

1. 清除元器件表面的氧化层

元器件经过长期存放，会在元器件表面形成氧化层，不但使元器件难以焊接，而且影响焊接质量，因此当元器件表面存在氧化层时，应首先清除元器件表面的氧化层。注意用力不能过猛，以免使元器件引脚受伤或折断。

如图 7-12 所示，清除元器件表面的氧化层的方法是：左手捏住电阻或其他元器件的本体，右手用锯条轻刮元器件引脚的表面，左手慢慢地转动，直到表面氧化层全部去除。为了使电池夹易于焊接要用尖嘴钳前端的齿口部分将电池夹的焊接点锉毛，去除氧化层。

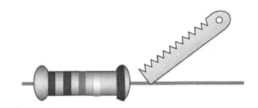

图 7-12 清除元器件表面的氧化层

2. 元器件引脚的弯制成形

元器件引脚的弯制成形如图 7-13 所示，左手用镊子紧靠电阻的本体，夹紧元器件的引脚，使引脚的弯折处距离元器件的本体有 2mm 以上的间隙。左手夹紧镊子，右手食指将引脚弯成直角。注意：不能用左手捏住元器件本体，右手紧贴元器件本体进行弯制，如果这样，引脚的根部在弯制过程中容易受力而损坏。

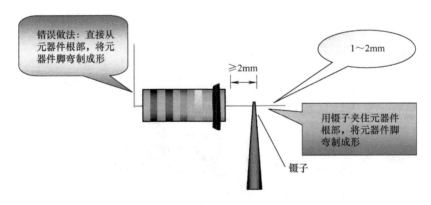

图 7-13 元器件引脚的弯制成形

元器件弯制后的形状如图 7-14 所示，引脚之间的距离，根据电路板孔距而定，引脚修剪后的长度大约为 8mm，如果孔距较小，元器件较大，应将引脚往回弯折成形（如图 7-14c、d 所示）。电容的引脚可以弯成直角，将电容水平安装（如图 7-14e 所示），或弯成梯形，将电容

第 7 章 综合实训：设计、安装、测试万用表

垂直安装（如图 7-14h 所示）。二极管可以水平安装，当孔距很小时应垂直安装（如图 7-14i 所示），为了将二极管的引脚弯成美观的圆形，应用螺钉旋具辅助弯制（如图 7-15 所示）。将螺钉旋具紧靠二极管引脚的根部，十字交叉，左手捏紧交叉点，右手食指将引脚向下弯，直到两引脚平行。

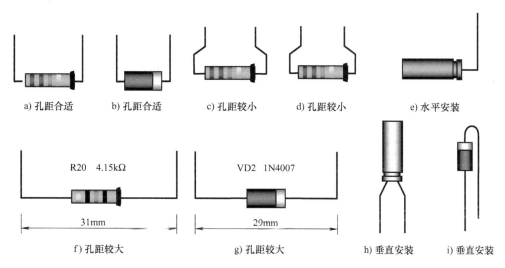

图 7-14 元器件弯制后的形状

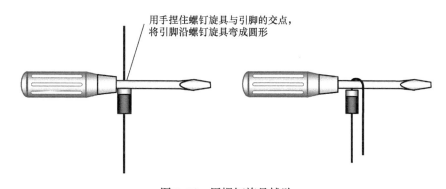

图 7-15 用螺钉旋具辅助

有的元器件安装孔距离较大，应根据电路板上对应的孔距弯曲成形，如图 7-16 所示。

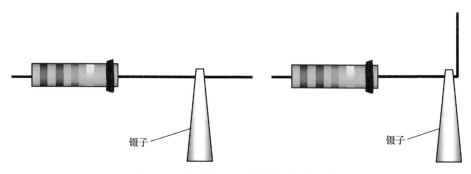

图 7-16 孔距较大时元器件引脚的弯制

将胶带轻贴于空白的纸上，把元器件放入胶带与纸中间后，再把胶带贴紧、贴牢，在元器件的旁边写上正确的元器件型号和参数值，以备后续万用表安装过程中使用，如图 7-17 所示。注意：不要把元器件的引脚剪太短。

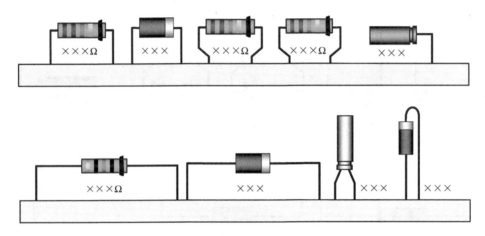

图 7-17　元器件制成后标注规格型号备用

3. 元器件的插放

将弯制成形的元器件对照图样插放到电路板上。注意：一定不能插错位置；二极管、电解电容要注意极性；电阻插放时要求读数方向排列整齐，横向排列的必须从左向右读，纵向排列的从下向上读，保证读数一致，如图 7-18 所示。

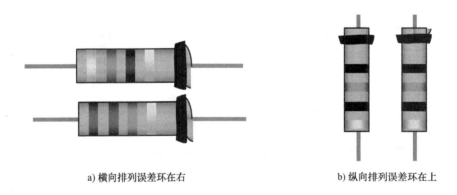

a) 横向排列误差环在右　　　　　　　　b) 纵向排列误差环在上

图 7-18　电阻色环的排列方向

7.6.3　焊接练习

焊接前一定要注意，烙铁的插头必须插在右手的插座上，不能插在靠左手的插座上；如果是左撇子就插在左手。烙铁通电前应将烙铁的电线拉直并检查电线的绝缘层是否有损坏，不能使电线缠在手上。通电后应将电烙铁插在烙铁架中，并检查烙铁头是否会碰到电线、书包或其他易燃物品。

烙铁加热过程中及加热后都不能用手触摸烙铁的发热金属部分，以免烫伤或触电；烙铁架上的海绵要事先加水。

1. 烙铁头的保护

为了便于使用，烙铁在每次使用后都要进行维护，将烙铁头上的黑色氧化层锉去，露出铜的本色，在烙铁加热的过程中要注意观察烙铁头表面的颜色变化，随着颜色的变深，烙铁的温度渐渐升高，这时要及时把焊锡丝点到烙铁头上，焊锡丝在一定温度时熔化，将烙铁头镀锡，保护烙铁头，镀锡后的烙铁头为白色。

2. 烙铁头上多余锡的处理

如果烙铁头上挂有很多的锡，不易焊接，可在烙铁架中带水的海绵上或者在烙铁架的钢丝上抹去多余的锡，不可在工作台或者其他地方抹去。

3. 在练习板上焊接

焊接练习板是一块焊盘排列整齐的电路板，将一根七股多芯电线的线芯剥出，把一股从焊接练习板的小孔中插入，练习板放在焊接木架上，从右上角开始，排列整齐，进行焊接，如图 7-19 所示。练习时注意不断总结，把握加热时间、送锡多少，不可在一个点加热时间过长，否则会使电路板的焊盘烫坏。注意应尽量排列整齐，以便前后对比，改进不足。

图 7-19　焊接练习

焊接时先将电烙铁在电路板上加热，大约 2s 后，送焊锡丝，观察焊锡量的多少，不能太多，造成堆焊；也不能太少，造成虚焊。当焊锡熔化，发出光泽时焊接温度最佳，应立即将焊锡丝移开，再将电烙铁移开。为了在加热中使加热面积最大，要将烙铁头的斜面靠在元器件引脚上，如图 7-20 所示，烙铁头的顶尖抵在电路板的焊盘上。焊点高度一般在 2mm 左右，直径应与焊盘相一致，引脚应高出焊点大约 0.5mm。

4. 焊点的正确形状

焊点的形状如图 7-21 所示，焊点 a 一般焊接比较牢固；焊点 b 为理想状态，一般不易焊出这样的形状；焊点 c 焊锡较多，当焊盘较小时，可能会出现这种情况，但是往往有虚焊的可能；焊点 d 焊锡太少；焊点 e 焊锡多，焊接时间短；焊点 f 提烙铁时方向不合适，造成焊点形状不规则；焊点 g 烙铁温度不够，焊点呈碎渣状，这种情况多数为虚焊；焊点 h 焊盘与焊点之间有缝隙，为虚焊或接触不良；焊点 i 引脚放置歪斜。一般形状不正确的焊点，元器件多数没有焊接牢固，一般为虚焊点，应重焊。

电路基础

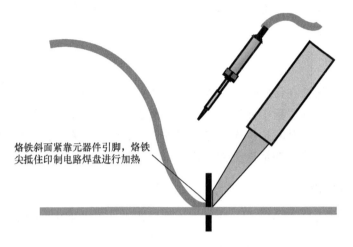

图 7-20　焊接时电烙铁的正确位置

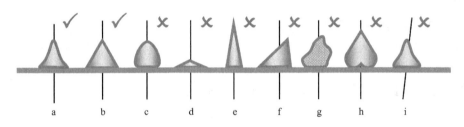

图 7-21　焊点的正确形状

7.6.4　元器件的焊接与安装

1. 元器件的焊接

在焊接练习板上练习合格,对照图样插放元器件,用万用表校验,检查每个元器件插放是否正确、整齐,二极管、电解电容极性是否正确,电阻读数的方向是否一致,全部合格后方可进行元器件的焊接。

焊接完后的元器件,要求排列整齐,高度一致,如图 7-22 所示。为了保证焊接的整齐美观,焊接时应将电路板架在焊接木架上焊接,两边架空的高度要一致,元器件插好后,要调整位置,使它与桌面相接触,保证每个元器件焊接高度一致。焊接时,电阻不能离开电路板太远,也不能紧贴电路板焊接,以免影响电阻的散热。

2. 错焊元器件的拔除

当元器件焊错时,要将错焊元器件拔除。先检查焊错的元器件应该焊在什么位置,正确位置的引脚长度是多少,如果引脚较长,为了便于拔出,应先将引脚剪短。在烙铁架上清除烙铁头上的焊锡,将电路板绿色的焊接面朝下,用烙铁将元器件脚上的锡尽量刮除,然后将电路板竖直放置,用镊子在黄色的面将元器件引脚轻轻夹住,在绿色面,用烙铁轻轻烫,同

第 7 章 综合实训：设计、安装、测试万用表

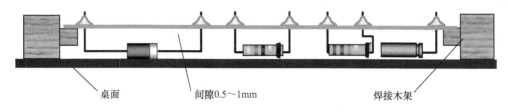

图 7-22 元器件的排列

时用镊子将元器件往相反方向拔除。拔除后，焊盘孔容易堵塞，有两种方法可以解决这一问题。一种是烙铁稍烫焊盘，用镊子夹住一根废元器件脚，将堵塞的孔通开；另一种是将元器件做成正确的形状，并将引脚剪到合适的长度，镊子夹住元器件，放在被堵塞孔的背面，用烙铁在焊盘上加热，将元器件推入焊盘孔中。注意用力要轻，不能将焊盘推离电路板，使焊盘与电路板间形成间隙或者使焊盘与电路板脱开。

3. 电位器的安装

电位器安装时，应先测量电位器引脚间的阻值，电位器共有五个引脚，如图7-23所示。电位器实质上是一个滑线电阻，电位器的两个粗的引脚主要用于固定电位器。安装时应捏住电位器的外壳，平稳地插入，不应使某一个引脚受力过大。不能捏住电位器的引脚安装，以免损坏电位器。安装前应用万用表测量电位器的阻值，电位器 1、3 为固定触点，2 为可动触点，1、3 之间的阻值应为 10kΩ，拧动电位器的黑色小旋钮，测量 1 与 2 或者 2 与 3 之间的阻值应在 0～10kΩ 变化。如果没有阻值，或者阻值不改变，说明电位器已经损坏，不能安装，否则 5 个引脚焊接后，要更换电位器就非常困难。注意电位器要装在电路板的焊接绿面，不能装在黄色面。

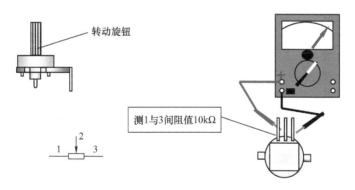

图 7-23 电位器阻值的测量

4. 输入插管的安装

输入插管装在绿面，是用来插表笔的，因此一定要焊接牢固。将其插入电路板中，用尖嘴钳在黄面轻轻捏紧，将其固定，一定要注意垂直，然后将两个固定点焊接牢固。

5. 晶体管插座的安装

晶体管插座装在电路板绿面，用于判断晶体管的极性。在绿面的左上角有 6 个椭圆的焊盘，中间有两个小孔，用于晶体管插座的定位，将其放入小孔中检查是否合适，如果小孔直径小于定位突起物，应用锥子稍微将孔扩大，使定位突起物能够插入。

6. 焊接时的注意事项

1）在拿起电路板的时候，最好戴上手套或者用两指捏住电路板的边缘。不要直接用手抓电路板两面有铜箔的部分，防止手汗等污渍腐蚀电路板上的铜箔而导致电路板漏电。

2）如果在安装完毕后发现测量较高电压（10V 以上）时误差较大，可用酒精将电路板两面清洗干净并用电吹风烘干。

电路板焊接完毕后，用橡皮将电路板上的松香、汗渍等残留物擦干净，否则易造成接触不良。

3）焊接时一定要注意电刷轨道上不能粘上锡，否则会严重影响电刷的运转，如图 7-24 所示。为了防止电刷轨道粘锡，切忌用烙铁运载焊锡。由于焊接过程中有时会产生气泡，使焊锡飞溅到电刷轨道上，因此应用一张圆形厚纸垫在电路板上。

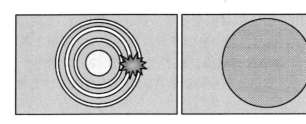

图 7-24　电刷轨道的保护

4）如果电刷轨道上粘了锡，应将其绿面朝下，用没有焊锡的烙铁将锡尽量刮除。但由于电路板上的金属与焊锡的亲和性强，一般不能刮尽，只能用小刀稍微修平整。

5）在每一个焊点加热的时间不能过长，否则会使焊盘脱开或脱离电路板。对焊点进行修整时，要让焊点有一定的冷却时间，否则不但会使焊盘脱开或脱离电路板，而且会使元器件温度过高而损坏。

7. 电池极板的焊接

焊接前先要检查电池极板的松紧，如果太紧应将其调整。调整的方法是用尖嘴钳将电池极板侧面的突起物稍微夹平，使它能顺利地插入电池极板插座，且不松动，如图 7-25 所示。

电池极板安装的位置如图 7-26 所示。平极板与突极板不能对调，否则电路无法接通。

焊接时应将电池极板拨起，否则高温会把电池极板插座的塑料烫坏。为了便于焊接，应先用尖嘴钳的齿口将其焊接部位锉毛，去除氧化层。用加热的烙铁沾一些松香放在焊接点上，再加焊锡，为其搪锡。

将连接线线头剥出，如果是多股线应立即将其拧紧，然后沾松香并搪锡（连接线已经

第 7 章 综合实训：设计、安装、测试万用表

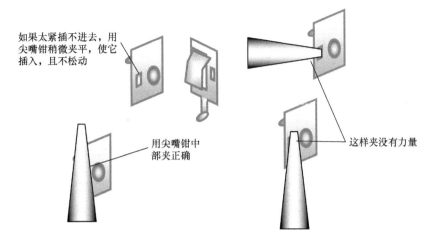

图 7-25 调整电池极板松紧

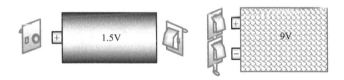

图 7-26 电池极板安装的位置

搪锡）。用烙铁运载少量焊锡，烫开电池极板上已有的锡，迅速将连接线插入并移开烙铁。如果时间稍长将会使连接线的绝缘层烫化，影响其绝缘。

连接线焊接的方向如图 7-27 所示，连接线焊好后将电池极板压下，安装到位。

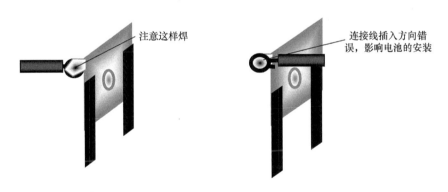

图 7-27 连接线焊接的方向

7.6.5 机械部分的安装与调整

1. 提把的旋转方法

将后盖两侧面的提把柄轻轻外拉，使提把柄上的星形定位扣露出后盖两侧的星形孔。将

> 电路基础

提把向下旋转 90°，使星形定位扣的角与后盖两侧星形孔的角相对应，再把提把柄上的星形定位扣推入后盖两侧的星形孔中。

2. 电刷旋钮的安装

取出弹簧和钢珠，并将其放入凡士林油中，使其粘满凡士林。加凡士林有两个作用：一是使电刷旋钮润滑，旋转灵活；二是起黏附作用，将弹簧和钢珠黏附在电刷旋钮上，防止其丢失。

将加上润滑油的弹簧放入电刷旋钮的小孔中，如图 7-28 所示，钢珠黏附在弹簧的上方，注意切勿丢失。

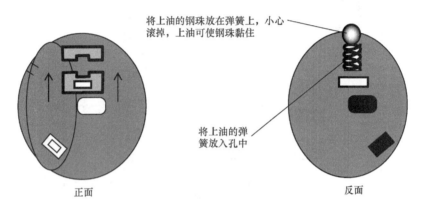

图 7-28　弹簧、钢珠的安装

将面板翻到正面，如图 7-29 所示，档位开关旋钮轻轻套在从圆孔中伸出的小手柄上，慢慢转动旋钮，检查电刷旋钮是否安装正确，应能听到"咔嗒""咔嗒"的定位声，如果听不到则可能钢珠丢失或掉进电刷旋钮与面板间的缝隙，这时档位开关无法定位，应拆除重装。

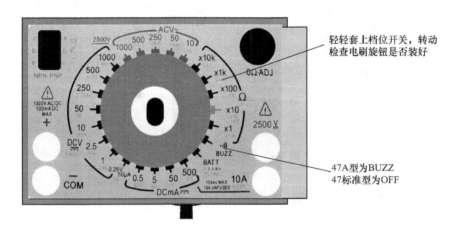

图 7-29　检查电刷旋钮是否装好

第7章 综合实训：设计、安装、测试万用表

3. 档位开关旋钮的安装

电刷旋钮安装正确后，将它转到电刷安装卡向上位置，将档位开关旋钮白线向上套在正面电刷旋钮的小手柄上，向下压紧即可。如果白线与电刷安装卡方向相反，必须拆下重装。拆除时用平口螺钉旋具对称地轻轻撬动，依次按左、右、上、下的顺序，将其撬下。注意用力要轻且对称，否则容易撬坏，如图7-30所示。

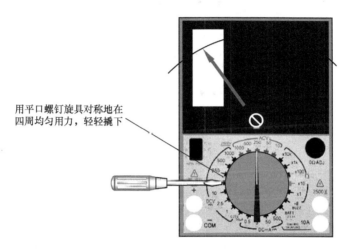

图7-30 档位开关旋钮的拆除

4. 电刷的安装

将电刷旋钮的电刷安装卡转向朝上，V形电刷有一个缺口，应该放在左下角，因为电路板的3条电刷轨道靠里面的2条间隙较小，外侧1条间隙较大，与电刷相对应，当缺口在左下角时电刷接触点上面2个相距较远，下面2个相距较近，一定不能放错，如图7-31所示。电刷四周都要卡入电刷安装槽内，用手轻轻按，看是否有弹性并能自动复位。

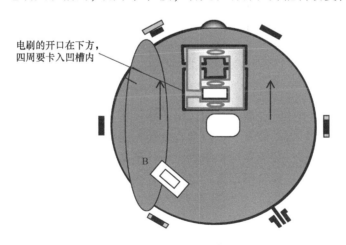

图7-31 电刷的安装

如果电刷安装的方向不对，将使万用表失效或损坏，如图 7-32 所示。图 7-32a 中开口在右上角，电刷中间的触点无法与电刷轨道接触，使万用表无法正常工作，且外侧的两圈轨道中间有焊点，使中间的电刷触点与之相摩擦，易使电刷受损；图 7-32b、c 中开口在左上角或在右下角，3 个电刷触点均无法与轨道正常接触，电刷在转动过程中与外侧两圈轨道中的焊点相刮，会使电刷很快折断，使电刷损坏。

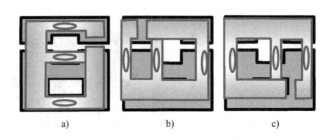

图 7-32　电刷的错误安装方法

5. 电路板的安装

电刷安装正确后方可安装电路板。安装电路板前先应检查电路板焊点的质量及高度，特别是在外侧两圈轨道中的焊点，如图 7-33 所示，由于电刷要从中通过，安装前一定要检查焊点高度，不能超过 2mm，直径不能太大，如果焊点太高会影响电刷的正常转动甚至刮断电刷。

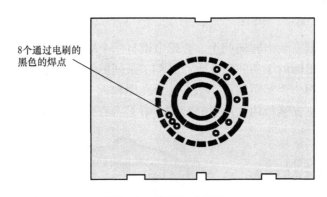

图 7-33　检查焊点高度

电路板用三个固定卡固定在面板背面，将电路板水平放在固定卡上，依次卡入即可。如果要拆下重装，依次轻轻扳动固定卡。注意在安装电路板前应先将表头连接线焊上。

最后是装电池和后盖，装后盖时左手拿面板，稍高，右手拿后盖，稍低，将后盖向上推入面板，拧上螺钉，注意拧螺钉时用力不可太大或太猛，以免将螺孔拧坏。

7.6.6　故障的排除

一般来说，机械式万用表（即指针万用表）都是磁电系仪表，磁电系仪表根据磁路不同，分为内磁、外磁、内外磁三种，其工作原理是：当有电流通入表头内部的动圈时，会产生一个磁场力，也就是所谓的转动力矩，这个磁场力（转动力矩）会带动表头内部的弹簧游丝，弹簧游丝会带动指针偏转，根据通入表头动圈电流大小的不同，产生的磁场力强弱也不同，从而使游丝带动指针偏转的幅度也不同。也就是说，通入动圈电流越大，产生的磁场力越大，所以弹簧游丝带动指针偏转的幅度也就越大，说明被测信号很大。反之，通入动圈电流越小，产生的磁场力也越弱，所以游丝带动指针偏转的幅度也就越小，说明被测信号很小，通过这个原理实现测量信号的大小。同理，弹簧游丝也要产生一个力矩，也就是反作用力矩。指针偏转是受到磁场力（转动力矩），但是必须还有一个力矩，产生一个与转动力矩（磁场力）相反的力矩（一般称为反作用力矩），那就是弹簧游丝产生的反作用力矩，当转动力矩（磁场力）和游丝产生的反作用力矩相抵消时，指针就会停止，如果光有转动力矩（磁场力）而没有游丝产生的反作用力矩，不管测量的信号有多大，指针都会偏转到头。所以，如果游丝出现问题，就会出现一些比如测量信号不准、指针偏转幅度较大或很大的故障，这种情况特别要注意，需要更换表头或维修表头。

一般来说，万用表故障会有以下几种情况：

1. 万用表指针没任何反应

万用表指针在各个档位都没任何反应的情况下，一般可能有以下几种情况：

1）指针无法偏转，首先要检查万用表保险管，防止内部输入保险管被烧断引起没有电流输入，从而导致表针无法偏转，其次，如果保险管正常，则要试试所有档位，即直流电压档、交流电压档、直流电流档等，看看所有档位测量的时候指针是否都无法偏转，如果所有档位在测量时指针都无法偏转则说明故障在表头，因为保险管是好的，但是所有档位都无法用，万用表内部直流电压档串联分压电阻，和交流电压档串联分压电阻和整流器，以及电流档的分流电阻不可能全部损坏，所以说，指针不动的原因就是由于表头有问题引起的，可以通过测量表头满偏电流来检查，当然如果觉得麻烦的话可以更换一个同样大小的表头。

2）表头、表笔已经损坏。

3）万用表接线出现错误。

4）熔丝没有安装或已经损坏。输入保险管被烧断，会引起没有电流输入，所有档位无法使用的故障。由于使用失误，用电流档去测量电压，或用电阻档去测量电压，使输入保险管被烧断引起没有电流输入故障，只要将万用表拆开，检测输入保险管，若已经被烧断，换一个同型号同规格保险管，故障便能修复，47型表的保险管规格为250V/0.5A。

5）电池极板安装错误。

6）电刷安装错误或电刷与电路板接触松动。电刷与电路板接触松动，引起某个档位或其他档位无法测量，指针无法偏转，维修方法很简单，将万用表拆掉，重新安装电刷，安装电刷之前清理电路板。这个故障很简单，是由于电刷与电路板接触不良引起的。

2. 电压档指针反偏

1）这种情况一般是表头引线极性接反。如果直流电流和直流电压（DCA、DCV）档正常，而交流电压档（ACV）指针反偏，则为二极管 VD1 接反。

2）交流电压档中的半波整流电路有整流二极管被击穿或开路现象。指针万用表交流电压档测量原理是通过内部电阻串联分压来扩大测量量程，半波整流电路将交流信号整流变为直流信号流过表头来测量的。因为指针万用表的表头是一个直流电流表，表头无法流过交流信号，所以必须要在交流电压档中加上一个半波整流电路作为整流器，将交流信号整流变为直流信号流过表头，所以说测量一次交流电就要经过整流二极管整流一次。如果长时间测量交流信号的话，整流二极管经常被交流信号冲击，就会遇到开路或短路的情况，这点是无法避免的。如果遇到指针万用表交流电压档无法使用的故障，首先检查保险管，因为保险管被烧断会引起没有电流输入，表针肯定不会动，如果保险管正常，交流电压档还是无法使用，则应该先检查交流电压档中的分压电阻，看看分压电阻有无阻值变大或变小现象，如果有就先换掉，排除分压电阻有损坏以后，交流电压档还是无法使用，则应该重点检查交流电压档中半波整流电路中的两只整流二极管的正反向电阻值，防止整流二极管击穿或开路引起交流电压档无法使用的故障，如果遇到管子有击穿或开路现象时，更换同型号管子来修复故障。

3）交直流电压档分压电阻烧掉。电压档分压电阻阻值都是比较大的，比如直流电压档 1000V 接 10MΩ 分压电阻，500V 接 5MΩ，250V 接 4MΩ，50V 接 800kΩ，10V 接 150kΩ；交流电压档 1000V 接 2MΩ，500V 接 1MΩ，250V 接 800kΩ。可见阻值都是比较大的，不容易坏。而容易坏的在 10V 量程以下的分压电阻，如果使用失误用 10V 量程以下的档位去测量高电压，将出现以下两种情况：一是输入保险管被烧断，二是分压电阻烧坏，这点应该重点检查。

3. 测电压示值不准

1）这种情况一般是焊接有问题，焊点可能出现焊接不牢固、虚焊等情况，应重点检查被怀疑的焊点，重新处理被怀疑的焊点，对焊点进行加固等。

2）指针偏转幅度很小，如果测量信号的时候指针几乎不偏转，首先排除保险管、万用表内部电池，以及万用表内部电路中分压分流电阻损坏等问题，再去检查表头。指针偏转的幅度比较小的故障，一般是由表头内部动圈失磁引起的，由于将指针万用表长时间放在离磁场干扰能力强的地方，磁电系仪表的表头内部动圈失磁，引起该故障发生，可用充磁机给表头充磁，当然也可以更换表头。

3）指针偏转幅度较大，如果测试中发现，所有档位测量信号的时候，指针偏转幅度都很大，超过测量中的实际值。这种情况在排除保险管、万用表内部电池有问题和排除内部分压分流电阻有短路或开路现象后，应重点检查表头、弹簧游丝等。如果游丝损坏就会出现测量信号的时候指针偏转幅度较大，可以更换游丝，或换掉表头排除故障。

4）指针偏转的时候左右乱晃。这个故障其实很简单，故障出现在表头，是由磁电系仪表内部的指针阻尼装置损坏或阻尼器性能不良引起的，可以更换新表头来排除故障。

第 7 章 综合实训：设计、安装、测试万用表

7.7 万用表的使用

7.7.1 MF47 型万用表的认识

1. 表头的特点

表头的准确度等级为 1 级（即表头自身的灵敏度误差为 ±1%），水平放置，整流式仪表，绝缘强度试验电压为 5000V。

2. 档位开关

MF47 型万用表的档位开关共有五档，分别为交流电压、直流电压、直流电流、电阻及晶体管，共 24 个量程。

3. 插孔

MF47 型万用表共有四个插孔，左下角红色 " + " 为红表笔，正极插孔；黑色 " - " 为公共黑表笔插孔；右下角 "2500V" 为交直流 2500V 插孔；"5A" 为直流 5A 插孔。

4. 刻度盘

刻度盘（表盘）由多种刻度线以及带有说明作用的各种符号组成，只有正确理解各种刻度线的读数方法和各种符号所代表的意义，才能熟练并准确地使用万用表。图 7-34 所示是 MF-47 型万用表的刻度盘，通过观察刻度盘，可以看出测电阻时读的是第一条线，而且零在最右端，最大值在最左端，读数从右到左，刻度值分布不均匀；测量交、直流电压与直流电流时，读第二根标尺，读数从左到右。符号 " - " 表示直流，" ~ " 表示交流，" ≂ " 表示交流和直流共用的刻度线，h_{FE} 表示晶体管放大倍数刻度线，dB 表示分贝刻度线。

图 7-34　MF-47 型万用表刻度盘

7.7.2 机械调零

机械调零旋钮用来调节万用表的表笔在开路时,指针静止在左零位。使用一字螺钉旋具旋动万用表面板上的机械零位调整螺钉,如图7-35所示,使指针对准刻度盘左端的"0"位置。

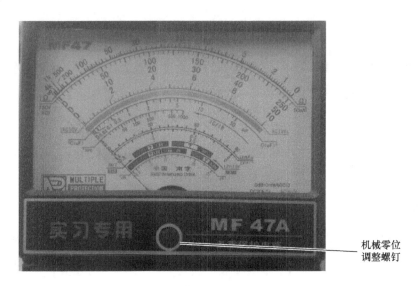

图7-35 机械零位调整螺钉图

7.7.3 读数

读数时目光应与刻度盘表面垂直,确保读数的精度。检测时,在不知道被测量大小的情况下,如果先选用较低的量程,有可能导致表笔损坏。所以**应先选用较高的量程,根据实际情况,调整量程,最后使读数在满刻度的2/3附近**。

测量电阻,读标有"Ω"的那排刻度的数字(最上面那条刻度线)。用×1Ω档测量,指示的数字值就是电阻值,用×100Ω档,读数要乘以100,用×1kΩ档测量,指示的数字应乘以1000,用×10kΩ档,就要乘以10k。如果用×10kΩ档测10kΩ的电阻,指针应在"1"的位置;测量100Ω的电阻时,指针几乎就在"0"(0.01kΩ)的位置了。为了便于清晰地看出指针指示的数值,应换一个合适的档位再测量一次,指针在刻度盘中间位置时,测量值比较精确。

测电压、电流时,读标有"DCV ACV"那排刻度(一般是第二条刻度线),所选的量程档就是表盘满刻度时的值。刻度盘标有几排数字"0-50-100…250""0-10-20…50""0-2-4…10",只是为了标示与所选量程相对应,便于配合量程档读数,不管表上怎么标,表针在满刻度时所指示的就是你所选的量程的值,其实际意义都是一样的。读数时以所选量程档为满量程,相应读出指针指示刻度的数值。比如测电压时,选"500"量程档测量时,看满刻度标50的那排数字就显得很直观,每一小格代表10V。

第 7 章 综合实训：设计、安装、测试万用表

7.7.4 测量直流电压

把万用表两表笔插好，红表笔接"+"，黑表笔接"-"，把档位开关旋钮打到直流电压档，如图 7-36 所示，并选择合适的量程。当被测电压数值范围不确定时，应先选用较高的量程，把万用表两表笔并接到被测电路上，红表笔接直流电压正极，黑表笔接直流电压负极，不能接反。根据测出电压值，再逐步选用低量程，最后使读数在满刻度的 2/3 附近。

图 7-36　档位开关选择直流电压档

7.7.5 测量交流电压

测量交流电压时将档位开关旋钮打到交流电压档，如图 7-37 所示，表笔不分正负极，与测量直流电压相似进行读数，其读数为交流电压的有效值。

图 7-37　档位开关选择交流电压档

7.7.6 测量直流电流

把万用表两表笔插好，红表笔接"+"，黑表笔接"-"，把档位开关旋钮打到直流电流档，如图 7-38 所示，并选择合适的量程。**当被测电流数值范围不确定时，应先选用较高的量程**。把被测电路断开，将万用表两表笔串接到被测电路上，注意直流电流从红表笔流入，黑表笔流出，不能接反。根据测出的电流值，再逐步选用低量程，保证读数的精度。

电路基础

图 7-38　档位开关选择直流电流档

7.7.7　测量电阻

插好表笔，把档位开关旋钮打到电阻档，如图 7-39 所示，并选择量程。短接两表笔，旋动电阻调零电位器旋钮，进行电阻档调零，使指针打到电阻刻度右边的"0"处，将被测电阻脱离电源，用两表笔接触电阻两端，表头指针显示的读数乘所选量程即为所测电阻的阻值。如选用 ×10Ω 档测量，指针指示 50，则被测电阻的阻值为 50×10Ω=500Ω。如果指示值过大或过小，都要重新调整档位，保证读数的精度。

图 7-39　档位开关选择电阻档

7.7.8　蜂鸣档的使用

如图 7-40 所示，档位开关选择蜂鸣档，可用来检测电路是否短路或开路。使红黑表笔直接短接，可以听到蜂鸣声。所以，将红黑表笔连入电路中，如果听到蜂鸣声，则说明所接电路有短路；如果听不到蜂鸣声，则说明电路没有短路。

7.7.9　使用万用表的注意事项

1）测量时不能用手触摸表笔的金属部分，以保证安全和测量准确性。**测电阻时如果用手捏住表笔的金属部分，会将人体电阻并接于被测电阻而引起测量误差。**

第 7 章 综合实训：设计、安装、测试万用表

图 7-40　档位开关选择蜂鸣档

2）测量直流量时注意被测量的极性，避免反偏打坏表头。
3）不能带电调整档位或量程，避免电刷的触点在切换过程中产生电弧而烧坏电路板或电刷。
4）测量完毕后应将档位开关旋钮打到交流电压最高档或空档。
5）不允许测量带电的电阻，否则会烧坏万用表。
6）表内电池的正极与面板上的"－"插孔相连，负极与面板"＋"插孔相连，如果不用时误将两表笔短接会使电池很快放电并流出电解液，腐蚀万用表，因此不用时应将电池取出。
7）在测量电解电容和晶体管等元器件的阻值时要注意极性。
8）电阻档每次换档都要进行调零。
9）不允许用万用表电阻档直接测量高灵敏度的表头内阻，以免烧坏表头。
10）一定不能用电阻档测电压，否则会烧坏熔断器或损坏万用表。

7.8　万用表安装实习的总体要求

装配场所应注意保持整洁，且装配环境应保持适当的温湿度。装配场地内外不应有强烈的振动和干扰电磁场，装配台、工作人员和部分工作场地应采取静电防护措施，如在装配台和底板铺设绝缘胶垫，工作人员佩戴防静电环和防静电手套等。另外，工作场地必须备有消防设备，且灭火器应适用于灭电气起火。

装配环境中所有的电源开关、插头、插座和电源线等，必须保证绝缘安全，所用电器材料的工作电压和工作电流都不能超过额定值。

焊接工具使用完毕后，要切断电源，放到不易燃的容器或专用电烙铁架（焊台托架）上，以免因焊接工具温度过高而引起易燃物燃烧，发生火灾。

总体要求如下：
1）衣冠整洁、大方，不能穿拖鞋进入实训室。
2）遵守劳动纪律，注意培养一丝不苟的敬业精神。
3）注意安全用电，焊接工具要在通电的情况下使用并且温度很高，安装人员要正确使用焊接工具，以免造成烫伤、触电等。短时间不用电烙铁时，请把电烙铁插头拔下，以免不小心触碰到烙铁头造成不必要的伤害，并能延长烙铁头的使用寿命。

4)烙铁不能碰到包、桌面等易燃物,材料零件要分类分别保管,细小元器件要注意放在不易掉落的小盒子里面,大个元器件要放在不易触碰的地方,以免触碰变形损坏。

5)独立完成万用表的安装。

7.9 考核要求

总体要求如下:

1)无错装、漏装。
2)档位开关旋钮转动灵活。
3)焊点大小合适、美观。
4)无虚焊,调试符合要求。
5)元器件无丢失、损坏。
6)能正确使用各个档位。

最后成功安装完成的 MF47 型万用表正面如图 7-41 所示,背面如图 7-42 所示。

图 7-41 安装完成的 MF47 型万用表正面

图 7-42 安装完成的 MF47 型万用表反面

7.10 课后习题

7-1 选择题

1. 万用表在使用时，必须_____，以免造成误差。同时，还要注意避免外界磁场对万用表的影响。

A. 垂直放置　　　　　　B. 水平放置　　　　　　C. 倾斜放置

2. 选择合适的量程档位，如果不能确定被测量的电流时，应该选择_____去测量。

A. 小量程　　　　　　　B. 大量程　　　　　　　C. 任意量程

7-2 填空题

1. 使用万用表测量电容时，必须_____后再进行测量。

2. 在使用机械式万用表之前，应先进行_____后再进行测量，即在两表笔开路时，使万用表指针指在最左端的零刻度线处。

3. 在使用机械式万用表测量电阻时，应选择适当的_____，使指针指示在刻度盘的中间值附近，最好使指针处于刻度盘 $\frac{1}{2} \sim \frac{2}{3}$ 处，测量数据比较精确。

4. 在使用万用表电流档测量电流时，应将万用表_____在被测子电路中，因为只有_____连接才能使流过万用表的电流与被测支路的电流相同。

5. 被测电路的电流、电压、电阻等电量要_____万用表的量程。

7-3 简述用机械式万用表测量二极管好坏的方法。

综 合 练 习

综合练习题一 （总分100分）

一、填空题（每空1分，共30分）

1. 电路主要由_____、_____、_____构成。
2. 按结构分，晶体管的类型可分为_____型和_____型。
3. 电容 $C_1=8\mu F$，$C_2=16\mu F$，则两电容相串联后的总电容为_____。
4. 如图1所示的 R、C 相串联的电路中，总阻抗为_____。
5. 如图2所示电路中，电压源吸收功率 $P=$_____W，电流源吸收功率 $P=$_____W。

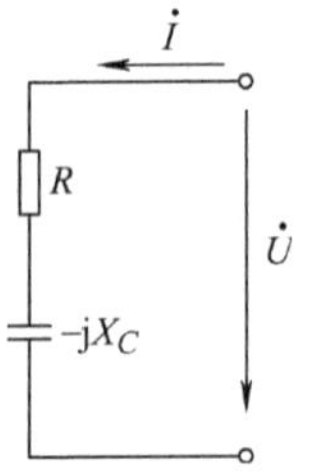

图 1

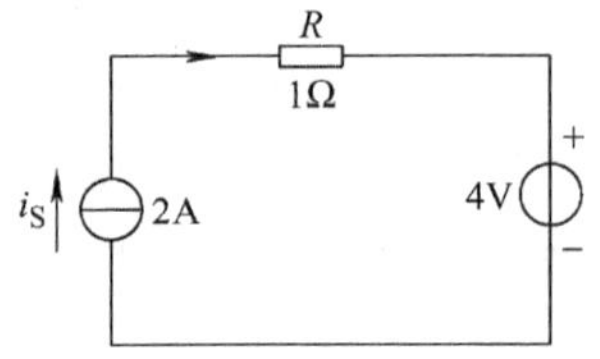

图 2

6. 并联电路中，某电阻的阻值越小，其分得的电流越_____。
7. 二极管的典型特性是具有_____。
8. 四环色环电阻的颜色先后顺序为红-黑-棕-银，阻值为_____Ω，误差为_____。
9. 串联电路中，某电阻的阻值越小，其分得的压降_____。
10. 日常提高功率因数的方法就是在感性负载的两端并联适当大小的_____。
11. 在 RLC 串联电路里，当 $X_L<X_C$，电路呈_____特性；$X_L=X_C$，电路呈_____特性。
12. 理想的电压源内阻是_____，理想的电流源内阻是_____。
13. 电容元件储存电场能量，其储能公式为_____；电感元件储存磁场能量，其储能公式为_____。
14. 三相电源的星形联结中，线电压大小是相电压的_____倍，相位超前_____。
15. 如图3所示电路中，i_1 与 i_2 的相位关系为_____。
16. 电路如图4所示，若电流源吸收功率6 W，电压源供出功率为18 W，则电阻所吸收的功率为_____W，$R=$_____Ω。

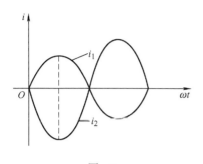

图 3   图 4

17. 一般电气设备铭牌上所标明的额定电压是指_____值,但是电气设备的绝缘水平——耐压值,则是按_____考虑。

18. 电路如图 5 所示,列出 KVL 方程为_____。

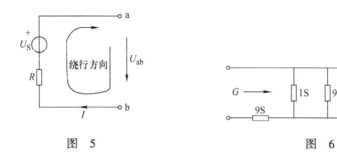

图 5   图 6

19. 如图 6 所示电路中,电导 G = _____。

二、**判断题**(每小题 2 分,共 20 分)

1. 电路中参考点改变,各点的电位也会改变。 (　)
2. 串联电路中,某电阻的阻值越大,其分得的电压越小。 (　)
3. 已知电流 $i_1 = 2\sin(314t + 45°)$ A, $i_2 = 3\sin(100t + 30°)$ A,其相位差 $\varphi = 45° - 30° = 15°$
   (　)
4. 感抗 X_L 与频率 f 成正比。 (　)
5. 在应用叠加定理时,当某个独立源单独作用时,其他独立电压源为零相当于开路。
   (　)
6. 正弦交流电的三要素是振幅、角频率和初相位角。 (　)
7. 在应用叠加定理时,当某个独立源单独作用时,其他独立电流源为零相当于短路。
   (　)
8. 并联电路中,某电阻的阻值越大,其分得的电流越小。 (　)
9. 应用基尔霍夫定律列写方程式时,可以不参照参考方向。 (　)
10. 理想电压源和理想电流源不可以等效互换。 (　)

三、**计算题**(共 50 分)

1. 分析图 7 所示电路,并计算等效电阻 R_{AB}。(10 分)
2. 求图 8 所示电路中的电压 U_{AB}。(9 分)

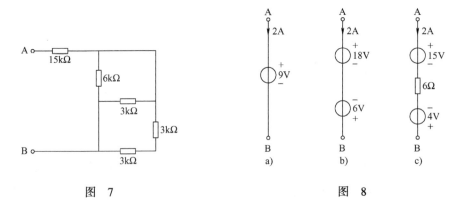

图 7　　　　　　　　　　　　　图 8

3. 利用电源电路的等效变换原理将图 9 所示电路化简为一个电流源模型，要求算出电流源的大小和电阻的阻值。(6 分)

4. 已知正弦电流 $i = 3.3\sin(628t + 60°)$ A，算出它的幅值、有效值、频率、周期、角频率及初相位各是多少？(6 分)

5. 如图 10 所示电路，用支路电流法求电流 I_1、I_2、I_3。(9 分)

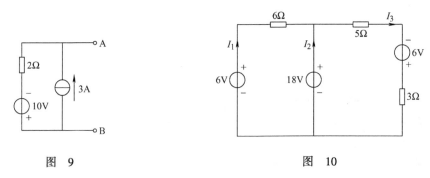

图 9　　　　　　　　　　　　　图 10

6. 如图 11 所示电路中，其中 $U = 5$V，$R = 2$kΩ，$C = 5$μF，分别指明图 11a、b 所示电路的电容是处于零状态还是处于零输入状态。分别求出两图的时间常数 τ，列出相应的 $u_C(t)$ 表达式。分别画出两图电容电压的波形图，在图中标出 $u_C(0_+)$、$u_C(\infty)$。(10 分)

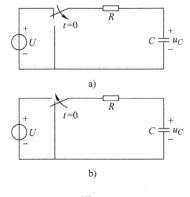

图 11

综合练习题二（总分100分）

一、填空题（每空1分，共30分）

1. 正弦信号的三要素是_____、_____、_____。
2. 外接电源正极连接到二极管正极，外接电源负极连接到二极管负极，则二极管_____，二极管阻值很_____，压降较小（一般硅管为0.5～0.7V，锗管为0.2～0.3V）；反之，如果外接电源正极连接到二极管负极，外接电源负极连接到二极管正极，则二极管_____，二极管阻值很_____。
3. 用万用表测量二极管时，其正向电阻_____，反向电阻_____。
4. 四环色环电阻的颜色先后顺序为黄-紫-红-银，其阻值为_____Ω，误差为_____。
5. 并联电路中，某电阻的阻值越大，其分得的电流_____。
6. 根据换路定理，电路发生换路前后，电容上的_____保持不变，电感上的_____保持不变。
7. 线性电阻电路中，n个节点，b个支路可以列写_____个独立的KCL方程，_____个独立的KVL方程。
8. 如图12所示电路中，电流$I=$_____。
9. 如图13所示电路中，受控源的类型为_____。

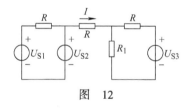

图 12

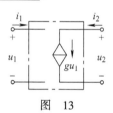

图 13

10. 两只参数分别为20μF/30V和10μF/30V的电容相串联后，其等效电容为_____，耐压为_____。
11. 如图14所示电路中，电导$G=$_____。
12. 如图15所示电路中，i_1与i_2的相位关系为_____。

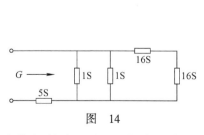

图 14

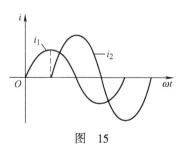

图 15

13. 当外加激励为零时，仅由动态元件初始储能所产生的响应，称为_____。
14. 电容$C_1=3\mu F$，$C_2=6\mu F$，则两电容相并联后的总电容为_____。
15. 日常提高功率因数的方法是在容性负载的两端并联适当大小的_____。

16. 有功功率的单位为_____，无功功率的单位为_____，视在功率的单位为_____。

17. 在 RLC 串联电路里，当 $X_L > X_C$，电路呈_____特性；$X_L = X_C$，电路呈_____特性。

二、选择题（本大题共 10 小题，每小题 2 分，共 20 分）

1. 电流的参考方向为（　　）。
   A. 正电荷运动方向　　B. 负电荷运动方向　　C. 可以任意假定

2. 将标有 220V、40W 的白炽灯接在电压高于 220V 的电源上，白炽灯实际消耗的功率（　　）。
   A. 大于 40W　　B. 小于 40W　　C. 等于 40W

3. 电容是一个（　　）的元件。
   A. 隔直通交　　B. 隔直又隔交　　C. 通直阻交

4. 已知 a、b 两点间电压 $U_{ab} = -10V$，则 b 点电位比 a 点电位（　　）。
   A. 高 10V　　B. 相等　　C. 低 10V

5. 已知 $i = 100\sin(314t + \pi/3)$ A，$u = 200\sin(314t + \pi/3)$ V，则 u 超前 i 的相位（　　）。
   A. 0　　B. $\frac{2}{3}\pi$　　C. $-\frac{2}{3}\pi$

6. 当电路中电流的参考方向与电流的真实方向相反时，该电流（　　）。
   A. 一定为正值　　B. 一定为负值　　C. 不能肯定是正值或负值

7. 正弦交流电的有效值 I 与其幅值 I_m 的关系是（　　）。
   A. $I = \sqrt{2}I_m$　　B. $I = \frac{\sqrt{2}}{2}I_m$　　C. $I = \sqrt{3}I_m$

8. 如图 16 所示电路中 $R = 3\Omega$，$X_L = 4\Omega$，则 $Z_{AB} = $（　　）
   A. 7Ω　　B. 5Ω　　C. 0.5Ω

9. 电感是一个（　　）的元件。
   A. 隔直通交　　B. 隔直又隔交　　C. 通直阻交

10. 电感元件 L_1 与 L_2 串联，其等效电感 L 为（　　）。
    A. $L_1 + L_2$　　B. $\frac{L_1 L_2}{L_1 + L_2}$　　C. $\frac{L_1 + L_2}{L_1 L_2}$

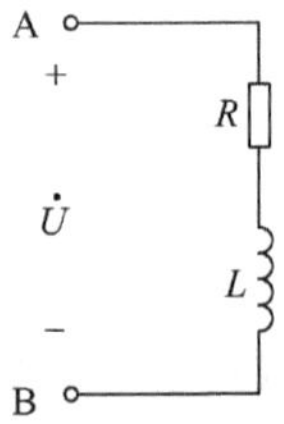

图 16

三、分析题（10 分）

电路如图 17 所示，列出电路的网孔方程。（10 分）

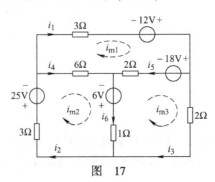

图 17

四、计算题（共 40 分）

1. 电路如图 18 所示，计算 R_{AB} 电阻。（6 分）

2. 利用电源电路的等效变换原理将图 19 所示电路化简为一个电压源模型，要求算出电压源的大小和电阻的阻值。（6 分）

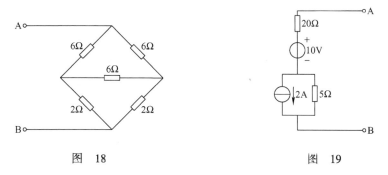

图 18　　　　　　　　　图 19

3. 已知正弦电压 $u = 311\sin(314t - 30°)\text{V}$，算出它的幅值、有效值、频率、周期、角频率及初相位各是多少？（6 分）

4. 电路如图 20 所示，用支路电流法求电流 I_1、I_2、I_3。（10 分）

5. 如图 21 所示电路中，其中 $U = 8\text{V}$，$R = 5\text{k}\Omega$，$C = 20\mu\text{F}$，分别指明图 21a、b 所示电路的电容是处于零状态还是处于零输入状态。分别求出两图的时间常数 τ，并列出相应的 $u_C(t)$ 表达式。分别画出两图电容电压的波形图，在图中标出 $u_C(0_+)$、$u_C(\infty)$。（12 分）

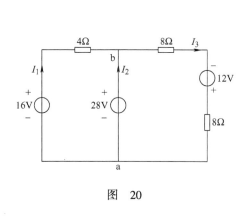

图 20

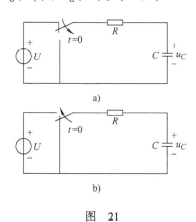

图 21

参 考 文 献

[1] 吴舒辞. 电路分析基础 [M]. 北京：北京大学出版社，2012.
[2] 王瑞玲，农杰，孙莉芳. 电路分析基础 [M]. 北京：航空工业出版社，2014.
[3] 汪赵强，宫晓梅. 电路分析基础 [M]. 北京：电子工业出版社，2011.
[4] 刘陈，周井泉，于舒娟. 电路分析基础 [M]. 5 版. 北京：人民邮电出版社，2017.